ZHU WENYI
ZHANG HONG
FAN LU
ZHU WENYI STUDIO, TSINGHUA ARCHITECTURE SCHOOL

THE BUND REFLECTION

外滩映像

清华大学建筑学院朱文一工作室
朱文一
张　弘
范　路

清华大学出版社

TSINGHUA UNIVERSITY PRESS

篇首语

外滩映像
——上海外滩城市设计构想

一

外滩是上海的象征，也是近代中国城市发展的一个缩影。外滩近代建筑群已经成为中国近代建筑遗产重要的组成部分。

亲历外滩……
画家描绘外滩"印象"，
摄影家记录外滩"影像"，
音乐家谱写外滩"音像"，
社会学家问卷外滩"影响"，
哲学家追问外滩"意向"，
心理学家测试外滩"意象"，
历史学家搜寻外滩"遗像"，

漫步外滩
我脑中浮现的是：
外滩"映像"！

以人类共有文化遗产为视角，研究外滩独一无二的历史建筑，将其精美的形式与风格转译为当代建筑、规划和景观设计语汇，通过城市设计方法与外滩城市空间对接，创造"外滩化"的上海特色城市公共空间。"外滩映像"意在于此。

二

本书由六篇组成。第一篇"外滩位势"概要归纳了外滩在上海城市发展中的空间定位，艺术家眼中的外滩，外滩建筑溯源和建筑名录以及外滩当前面临的困境，等等。历史上的外滩是上海的标志，今天的外滩在上海大发展过程中逐渐边缘化，未来的外滩应与浦东的东方明珠形成互动空间，共同构筑新世纪上海的新地标。

第二篇"外滩意向"表述了外滩城市设计构想。映像外滩构成了外滩城市空间的主题，东方明珠作为形态要素投射到外滩，形成外滩与浦东隔江互动的空间景域。针对外滩当前面临的空间阻隔、亲水性缺乏等问题，外滩映像构想以预防千年一遇洪水、保留现有防洪堤为前提，以机动车交通入地、释放地面空间为导向，通过设计两个斜面空间来解决外滩的亲水性难题。向内的斜面缓坡至外滩历史建筑，倾斜的广场上既设计了与外滩优秀历史建筑对应的"映像"，又规划了地下出入口等加强可达性的辅助空间。以防洪堤为基准向外倾斜的斜面设计成"浮阶"状，浮在水上的台阶强化了外滩空间的亲水性，同时形成与浦东良好互动的空间走势。

本书第三篇从外滩空间的功能分区、人车分行系统、外滩明珠布列、景观序列、活动策划，到进一步的设计指引、图解示意等，较为全面地阐述了外滩城市设计策略。第四篇则逐一详解五个分区，展示了1 600米长外滩空间的重要节点及其对应的活动策划。在位于北部的红色外滩区构想上海历史博物馆和上海国际电影节。在处于商业名街南京路口的经济外滩区，设计上海经济博物馆以及万国食府等。福州路出口处对应的是文化外滩区，构想上海文化博物馆等以文化活动为主题的活动空间。以延安路口为中心设置运动外滩区，打造上海时尚运动中心。以码头为基础划定极限外滩区，建造水上活动中心，展现极限运动的魅力。第五篇建筑映像完整展示了外滩映像的设计细节，并对现状外滩历史建筑的修缮和保护提出了建设性的意见和建议。第六篇动漫外滩包括外滩映像多媒体演示的部分截屏和文字解说，尝试以动漫式表达来增加外滩映像的可读性。

三

外滩地处上海城市中心，是当代上海城市焦点、难题会聚的地方。其中不仅有重塑城市地标、创造宜人公共空间等城市设计重点关注的问题，还有历史街区保护、激发城市活力、增强城市可达性、完善城市基础设施以及可持续发展等等问题。本书展示的外滩映像作为一项探索性的研究课题，偏颇之处在所难免。希望借此书搭建平台与广大同仁切磋交流。

朱文一
2008年10月2日
于塔希提岛
TAHITI

PREFACE

Reflection of the Bund:
Conceptual Urban Design of the Bund in Shanghai

I

The Bund is the symbol of Shanghai and the miniature of city development in modern China as well. The modern architectural complex in this area has become an important part of modern architectural heritage in China.

Experiencing the Bund...
Painters draw their impression of the Bund,
Photographers take pictures of the Bund,
Musicians compose music for the Bund,
Sociologists survey on the impact of the Bund,
Philosophers probe into the intention of the Bund,
Psychologists test on the meaning of the Bund,
Historians look for the legacy left by the Bund;

Strolling along the Bund...
What's in my mind is:
The "Reflection" of the Bund!

To study the unique historical buildings located on the Bund from the perspective of the cultural heritage shared by all, to translate their exquisite forms and styles into common language for modern architecture, planning, and landscape design, and to create public urban space with distinct Shanghai and Bund features by combining the urban design methods with the urban space of the Bund, these are the significances of "Reflection of the Bund".

II

The book is composed of six chapters. Chapter 1 "Status of the Bund" introduces the spatial position of the Bund during the process of city development in Shanghai, the Bund in the eyes of artists, the history and the list of historical buildings in the area, and the difficult situation facing the Bund at present. In the history, the Bund used to serve as the symbol of Shanghai, but it has been gradually marginalized during the city growth. In future, the Bund shall form an interactive space with the Oriental Pearl at Pudong so as to create new landmark for the city during the new century. Chapter 2 "Intention of the Bund" explores the urban design concept of the bund area. The Reflection of the Bund form the theme of urban space in the area, while the Oriental Pearl projects itself in the area as a leading formal element, creating an interactive spatial landscape area between the Bund and Pudong on both sides of the river. In terms of current problems facing the Bund including the spatial obstacle and the lack of accessibility to the river, to which our conceptual design proposes a solution by designing two slope spaces to maintain existing dykes and introducing underground traffic to release the ground space. The inward slope leads to historical buildings on the Bund, and on the slanting square, there will be 'reflection' corresponding with the excellent historical buildings on the Bund as well as the underground entrance and exit so as to further improve the accessibility. The slop slanting outward from the flood-control dyke is designed to be in the form of "floating steps" and the steps above the water reinforce the water accessibility of the Bund space, creating at the same time a favorable interactive spatial development with Pudong area.

Chapter 3 explores comprehensively the urban design strategy of the Bund area from functional planning, pedestrian and vehicle traffic separation system, Pearl landscape arrangement on the Bund, the landscape sequence, and activity planning of the Bund space to details and diagrams on further designing. Chapter 4 explains in details five separate zones, showing the important nodes along 1,600m long bund space as well as corresponding activity planning. According to the design, Shanghai History Museum and Shanghai International Film Festival will be located on the Red Bund zone in north; Shanghai Economy Museum and Restaurant Mansion will be located on the Economic Bund zone at the end of Nanjing Road, a famous commercial street in the city. Cultural Bund zone is located at the exit of Fuzhou Road, serving as the cultural activity space centering on Shanghai Culture Museum. The Motional Bund zone centering on the end of Yan'an Road aims to become the fashion and sports center in the city. The Ultimate Bund zone centering on the dock will be the home of water sports center and show the charm of extreme sports. Chapter 5 "Reflection of Historical Buildings in the Bund" introduces the details of the Reflection on the Bund and proposes constructive suggestions on the renovation and preservation of historical buildings on the Bund. Chapter 6 "Comic of the Bund" contains some images and narration text of multi-media presentation materials of the design, trying to improve the readability of the book in the form of animation.

III

The Bund is located in the center of Shanghai and the place where problems and important issues of the city gather, including such important issues concerning urban design as reshaping city landmark and creating public space as well as the problems of preserving historical areas, stimulating city energy, promoting city accessibility, improving the infrastructure of the city, and guaranteeing the sustainable development, etc. The "Reflection of the Bund" introduced in this book is a research project and there're inevitably many mistakes and defects. Therefore, I wish the book will serve as a platform to communicate and exchange opinions with professionals in the field.

Zhu Wenyi
October 2, 2008
TAHITI
(Translated by Sun Ling-bo and Zhang Yue)

目录
CONTENTS

目录
CONTENTS

第一篇　外滩位势

CHAPTER 1   STATUS OF THE BUND

天外有滩
THE BUND IN UNIVERSE

图1：宇宙中的外滩

1843 年，上海开埠，外滩开始发展。20 世纪上半叶是外滩发展史上的一个黄金时期，上海第一次成为国际性大都市，如今保留下来的外滩历史建筑群便成型于那时。2010 年，上海将举办世博会，外滩迎来了一个新的发展机遇。本方案构思紧扣外滩历史建筑的主题，强调外滩在世界上的唯一地位。

The Bund began to develop when Shanghai opened its port to foreign powers in 1843. The existing historical buildings on the Bund were mostly built in early 20th century, which was a golden age in the Bund's history. In 2010, the Bund will embrace a new developing opportunity with the holding of World Expo. This scheme is focusing on the historical buildings on the Bund, emphasizing the uniqueness of the Bund in the world.

图片来源□图1：根据http://ourtour.com.cn/attachments/mdd_0505/1_wgScPPRXCDO1.jpg 和http://www.bamboo.hc.edu.tw/research_publish/textbook/astro01/chapter01/images/f01-04-01-M31.JPG绘

图1：世界的外滩——以外滩为特色的上海是国际化大都市中的重要一员

图2：中国的外滩——上海的名牌产品享誉全国

 上海 SHANGHAI

 伦敦 LONDON

 加尔各答 CALCUTTA

 东京 TOKYO

 巴黎 PARIS

 香港 HONG KONG

 纽约 NEW YORK

 曼谷 BANGKOK

图3：汇丰银行的门厅壁画——显示了上海当年作为国际化大都市的显赫地位

改革开放后，上海成为中国经济发展的引擎。同时，以外滩为核心特色的上海经历了第二次国际化，成为国际性大都市中的重要一员。

After the Reform and Opening up, Shanghai became one of the important engines of China's economic development. Meanwhile,

Shanghai experienced its second internationalization and became an important member of international metropolises.

图片来源□图3：《百年回望：上海外滩建筑与景观的历史变迁》

申城之芯
THE CPU OF SHANGHAI

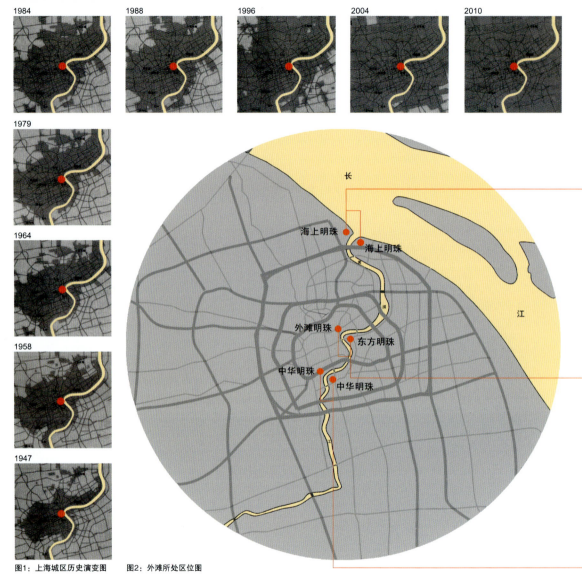

1984 1988 1996 2004 2010

1979

1964

1958

1947

图1：上海城区历史演变图　　图2：外滩所处区位图

长

江

海上明珠

海上明珠

外滩明珠

东方明珠

中华明珠

中华明珠

在上海城市发展之初，外滩并非城市的地理中心。随着城市的扩张，浦东的兴起，外滩的城市意向和地理区位合二为一，成为了名副其实的"申城之芯"。

The geographical position of the Bund was not in the center of Shanghai in the early time of the city's development. But with the city's expansion and the development of Pudong, the Bund became the developing and geographical center of the city, and was called as "the CPU of Shanghai".

图片来源□图1：根据《Shanghai Urban Planning》书中插图改绘

浦江明珠
PEARLS ALONG THE HUANGPU RIVER

图1：海上明珠（海纳百川）——在吴淞口用代表各国国旗的彩球拼出"海纳百川"的标语

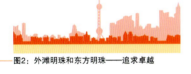

图2：外滩明珠和东方明珠——追求卓越

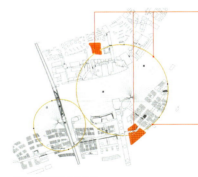

图4：中华明珠地块位置

图5：中华明珠地块总平面图

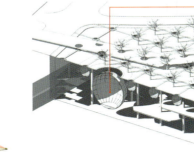

图6：中华明珠剖透视图

本方案对2010上海世博会中国馆进行了构想设计。构想借鉴"明珠"的意向，提炼出"中华明珠"的概念和形态，以展示中华五千年的文明和中国所有的省市自治区。

连接"明珠"的管廊滑艇跨越浦江两岸，成为世博园的游览观光轨道车。管廊还设有10个中途空中观景舱，在其中分别展示中华文明的辉煌时期——从春秋时期到中华人民共和国。

构想将中国馆7万平方米功能布置在地下。地段整体下挖，形成球形母体的国家馆、地方馆及公共展示平台。各部分按矩阵均匀设置，形成高低错落、有机整体的地下展览空间，充分体现了博大精深、包容万物的中华文化，"开明睿智、大气谦和"的上海城市精神以及新时代安定团结、和谐发展的繁荣局面。

黄浦江是上海的中枢神经。本方案借鉴"明珠"的意向，对黄浦江进行空间整体规划，形成东方明珠、中华明珠和海上明珠三个高潮，体现了"海纳百川，追求卓越，开明睿智，大气谦和"十六字城市精神。

Huangpu River is the "spine" of Shanghai. As a overall design of the urban space along Huangpu River, this scheme is based on the theme of "pearl", which consists of three climaxes—the Oriental Pearl, China Pearl and the Pearl of Sea.

申城之轴
SPINE OF SHANGHAI

图1：申城之轴

整个上海的景观格局，可以看成是一个巨大的"申"字型结构，并在不断地向外扩张。其中外滩沿线和延安路形成一个南北轴和东西轴的"十字形"。现在外滩和黄浦江已成为名副其实的申城之轴。

The landscape layout of Shanghai looks like the Chinese character "申", and keeps expanding nowadays. The street along the Bund and Yan'an Road forms a cross of the north-south and east-west axes of the city. Now, the Bund and Huangpu River are undoubtedly the spine of Shanghai.

上海里弄住宅

豫园

龙华塔

上海展览馆

东方明珠

南京路

人民广场

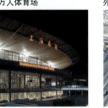
八万人体育场

外滩

金茂大厦

浦东世纪大道

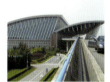
浦东国际机场

上海南站

内环高架

南浦大桥

卢浦大桥

磁悬浮轨道

从开埠至今，上海城市发生了翻天覆地的变化，产生了众多的城市地标，例如里弄建筑、人民广场、浦东国际机场、南京路等等。在这些众多的地标中，外滩及其建筑群无疑是上海最为突出的意向，成为"地标之首"。

Since its port was opened, Shanghai has experienced huge changes, and many urban landmarks appeared, e.g., Lilong residence, People's Square, Shanghai Pudong Airport and Nanjing Road, etc. Among these numerous landmarks, the Bund and its historical buildings are no doubt the most prominent icon of Shanghai, which can be called the top landmark.

图片来源□内环高架：http://www.nfcmag.com/
□上海南站：http://0b0.cn/NewsNews/c/
□八万人体育场：http://hw.ila571.com/Photo/
UploadPhotos/□人民广场：http://www.
yooloan.com/18009/□南京路：http://club.
pchome.net/□外滩：http://hercules.gcsu.
edu/~zxu/Bund.jpg

外滩气象
THE BUND WEATHER

图1：外滩·雨天

图2：外滩·晴天

频率统计	潮高类型（高潮）
10%	3.89
20%	3.7
30%	3.55
40%	3.41
50%	3.28
60%	3.15
70%	3.01
80%	2.85
90%	2.62
99.91%	1.6

图4：苏州河口2006年高潮频率统计(单位：米)

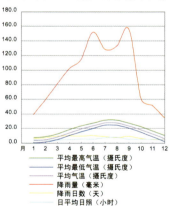

图5：1961—1990年上海气候情况

图3：外滩·阴天

在晴天、阴天和雨天等不同的天气状况下，外滩展现出各不相同的如画景致，独具魅力。

In sunny, cloudy, or rainy days, the Bund shows quite different but attractive sceneries.

图片来源□图2：汤众摄□图3：http://hercules. gcsu.edu/~zxu/Bund.jpg□图4：上海市城市规划管理局提供□图5：根据http://gb.weather .gov.hk/wxinfo/climat/world/chi/asia/china/ shanghai_c.htm 绘制

图1：立面夜景

图2：街景

图3：陈毅像

图4：平台上

图5：和平饭店

图6：塔楼

外滩的夜景最为美丽迷人。两岸灯火通明，流光溢彩。江水、船只无不让人陶醉。沿岸防汛堤上散落的酒吧和休闲设施，使这里成为市民和游客夜间休闲的理想场所。

The Bund is most beautiful at night, with all the lights shinning along Huangpu River. The bars and recreational facilities along the river are ideal recreational spaces at night for citizens and tourists.

艺境外滩
THE BUND IN PAINTINGS

图1：油画—外滩风景 作者：刘海粟 1964年

图2：水彩—外滩初晴 作者：冉熙 1985年

图3：水彩—南京东路 作者：冉熙 1959年

图4：油画—外白渡桥 作者：陈抱一 20世纪30年代

在艺术家笔下，外滩历史建筑群呈现出独特的意境。刘海粟、陈抱一、冉熙等著名画家曾在不同时期描绘过外滩的优美风景。本方案设计力图探索再现"艺境外滩"的空间氛围。

The historical buildings in the Bund are quite special in the paintings.

Many famous painters, such as Liu Haisu, Chen Baoyi and Ran Xi, had depicted the beautiful scenes of the Bund in different periods. This scheme tries to regenerate the artistic atmosphere in those paintings.

图片来源□图1:http://auction.socang.com/xl/list6.asp□图2、图3：http://www.cnarts.net/artsalon/2006/□图4：http://auction.socang.com/xl/img/1111.jpg

《子夜》茅盾

太阳刚刚下了地平线。软风一阵一阵地吹上人面，怪痒痒的。苏州河的浊水幻成了金绿色，轻轻地，悄悄地，向西流去。黄浦的夕潮不知怎的已经涨上了，现在沿这苏州河两岸的各色船只都浮得高高的，舱面比码头还高了约莫半尺。风吹来外滩公园里的音乐，却只有那炒豆似的铜鼓声最分明，也最叫人兴奋。暮霭挟着薄雾笼罩了外白渡桥的高耸的钢架，电车驶过时，这钢架上横空架挂的电车线时时爆发出几朵碧绿的火花。从桥上向东望，可以看见浦东的洋栈像巨大的怪兽，蹲在眼色中，闪着千百只小眼睛似的灯火。向西望，叫人猛一惊的，是高高地装在一所洋房顶上而且异常庞大的霓虹电管广告，射出火一样的赤光和青磷似的绿焰：Light，Heat，Power！

《上海的早晨》周而复

紧靠着外滩公园门口的江面上，停着一条趸船，有上下二层。下面是码头，外滩到吴淞去的旅客要在这里上上下下。一到夜晚，来往的旅客就少了，显得十分幽静。但船舷上挂着霓虹灯组成的四个紫红大字：水上饭店，十分引人注意。凡是走过外滩大马路的人，几乎没有一个人不看到这四个字。
一辆林肯牌的黑色小轿车穿过靠江边的快车道，转进外滩公园前面的广场，降低了速度，慢慢开到水上饭店前面停了下来。车门开处，徐义德从里边跳下来，走上趸船，穿过走道，向右一转，上楼去了。

外滩印象　冰破一点春

在列车的地图上
我划一个激动而沉重的圈
嘈杂的斗笑和聊侃闯入我的耳
世纪的耻辱和动荡入我的梦
外滩
在第二天的傍晚入我的眼

当夜色伴着我的凝思缓缓而来
黄浦江的浊浪便开始澎湃我的心坎
这里的中国人曾经充当苦力军
这里的霓虹灯曾经迷醉鸦片烟
这里的高楼曾经耸立着腐糜的异域风情
这里的马路曾经也一度被陌生人独揽
从"华人与狗不得入内"的木牌
到血雨腥风的地狱龙华
从龙华黯淡悲戚的桃花
到震怒中华民族的惨案五卅
多少个暗无天日
多少个冤鬼忠魂
扎在胸口滴在地上流进黄浦江……

当晨曦送来光明的太阳
当压迫送来勇敢的反抗和救亡
当中共一大的风云际会在这里神采飞扬
革命的火种便开始撒播四方
薪火相传蔓延全新的胜利
全新的胜利开创了全新的纪元
全新的纪元带来了全新的篇章
中国人不再充当苦力
霓虹灯不再纸醉金迷
放眼中山路和南京路的万国建筑
我只见历史的沧桑和民族的自强
啊　外滩　新上海的浓缩
在金茂楼的高速电梯里
在明珠塔的球形倒影里
我看到了改革的力量和开放的辉煌……
当一只遗落江边的贝壳
满载我的千丝万缕入怀
黄浦江的峥嵘岁月
化成我久久的凝望……

外滩夜雨　臧志奇

这一上海的名句
乃如高脚的夜光杯
有意无意多少回
若有若无梦相随
就是这般如雨情丝
而隐语的乡韵
飘飘洒洒
入我的眼眉

柔曼的海关钟声
若宋画写意
落笔点染痒痒心境
慢慢漫开
葡萄酒的醉意
或许是为了
让雨的情丝更情丝一些
黄浦江上的渡船
有温蔼汽笛浅声回应

边走边听
伞上的雨，以软语
评弹上海故事
远处的出租车
沙沙，沙沙疾行……

许多近现代著名作家都以外滩为场景来叙述故事，表达独特的意境氛围。人们熟悉的有茅盾的《子夜》和周而复的《上海的早晨》，等等。本方案力图营造出外滩优美的"外滩意境"。

Many stories wrote by famous modern writers were happened on the Bund, such as *The Midnight* by Mao Dun and *The Morning of Shanghai* by Zhou Er'fu etc. This scheme tries to generate the kind of beautiful atmosphere of the Bund in those stories.

印迹外滩
THE HISTORY OF THE BUND

图1：1864年上海英租界规划图中的外滩北段

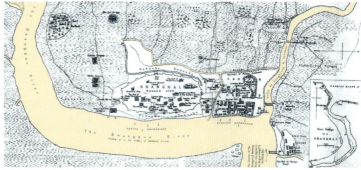

图2：1851年上海县城及英、美、法租界形势图

图3：1905年的外滩公园

图4：1906年的外滩公园

图5：1857年外滩历史地图

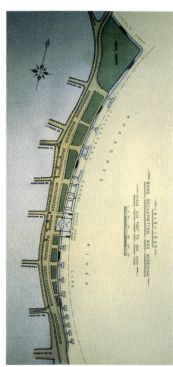

图6：1910—1920年外滩滩地的扩展

14

外滩最初只是黄浦江江边的一片滩涂。1843年开埠后，外滩经历了100多年的规划建设过程，并不断向浦江扩展，最终形成今日外滩的风貌。

The Bund was originally just an alluvial land of Huangpu River. After opened to foreign powers in 1843, it has undergone constructions for more than a hundred years, while continuing to expand to the Huangpu River.

图片来源□图1-2、图5：《百年回望：上海外滩建筑与景观的历史变迁》□图3、图4、图6：《Building Shanghai: the story of China's gateway》

图1：19世纪50年代的外滩

图2：19世纪60年代的外滩

图3：1876年的外滩

图4：19世纪80年代的外滩

图5：1892年的外滩

图6：1912年的外滩

图7：20世纪20年代的外滩

图8：20世纪30年代的外滩

各个不同时期的老照片展示了外滩近100多年的建设发展过程，同时也真实记录了上海作为国际大都市的成长历程。

Historical photos of different periods show the developing process of the Bund over a hundred years, which is also a record of the development of Shanghai as an international metropolis.

15

图片来源□图1、图7：《Building Shanghai: the story of China's gateway》□图2—图6、图8：《百年回望：上海外滩建筑与景观的历史变迁》

明晰外滩
HISTORICAL BUILDINGS IN THE BUND

门牌号	现名	曾用名	建筑风格	建造时间	
北苏州路20号	上海大厦饭店	百老汇大厦	装饰艺术风格	1930—1934 年	
外滩	外白渡桥	外白渡桥		1906—1907 年	
中山东一路33号	市级机关办公楼	英国领事馆	英国文艺复兴风格	1872—1873 年	
中山东一路29号	中国光大银行上海市分行	东方汇理银行大楼	巴洛克风格	1912—1913 年	
中山东一路28号，北京东路2号	上海文化广播影视管理局，上海文化广播影视集团	格林邮船大楼	英国新古典派文艺复兴风格	1921—1922 年	
北京东路					
中山东一路27号	上海外贸管理局	怡和洋行大楼	仿英国文艺复兴风格	1920—1922 年	
中山东一路26号	中国农业银行上海市分行	扬子大楼	折衷主义风格	1918—1920 年	
中山东一路24号	中国工商银行上海市分行	横滨正金银行大楼	后文艺复兴风格	1923—1924 年	
中山东一路23号	中国银行上海市分行	中国银行大楼	民族特色风格	1936—1937 年	
滇池路					
中山东一路20号，南京东路20号	和平饭店北楼	沙逊大厦	装饰艺术派风格	1926—1929 年	
南京东路					
中山东一路19号，南京东路23号	和平饭店南楼	汇中饭店	新文艺复兴风格	1906—1908 年	
中山东一路18号	上海珩意公司	麦加利银行大楼	文艺复兴风格	1922—1923 年	
中山东一路17号	美国友邦保险有限公司上海分公司	字林西报大楼	文艺复兴风格	1921—1923 年	
中山东一路16号，九江路20号	招商银行上海分行外滩支行	台湾银行大楼	日本近代西洋风格	1924—1926 年	
九江路					
中山东一路15号	中国外汇交易中心	华俄道胜银行大楼	新古典派的文艺复兴风格	1899—1902 年	
中山东一路14号	上海市总工会	交通银行大楼	装饰艺术派风格	1946—1948 年	
汉口路					
中山东一路13号	上海海关	江海关	希腊式新古典主义风格	1925—1927 年	
中山东一路10 – 12号	上海浦东发展银行	汇丰银行大楼	英国新古典派希腊式风格	1921—1923 年	
福州路					
中山东一路9号	招商局（集团）上海分公司	旗昌洋行大楼	仿文艺复兴风格	1901 年	
中山东一路7号	泰国盘古银行	大北电报公司	法国文艺复兴风格	1906 年	
中山东一路6号	香港侨福国际企业有限公司	中国通商银行大楼	英国哥特式风格	1906 年	
中山东一路5号，广东路20号	华夏银行上海外滩支行	日清大楼	日本近代西洋风格	1921—1925 年	
广东路					
中山东一路3号，广东路17号	新加坡佳通私人投资有限公司	有利大楼	文艺复兴风格	1916 年	
中山东一路2号	东风饭店	上海总会	英国古典主义风格	1909—1910 年	
中山东一路1号，延安东路2号	中国太平洋保险公司总部	亚西亚大楼	折衷主义风格	1913—1916 年	
延安东路					
中山东二路	外滩历史陈列室	外滩信号台	"阿拓奴博"式风格	1907 年	
中山东二路9号	上海市档案馆	法国邮船大楼	现代主义风格	1937—1939 年	
金陵东路					
新永安路					
中山东二路22号	上海工业发展基金会	太古洋行			

图1：2007年外滩历史建筑信息

16

历史建筑群是外滩的最大特色。众多不同风格的建筑汇集在一起，还能如此地统一，这在全世界是绝无仅有的。①

The historical building complex is the most important character of the Bund. It is unique in the world to have so many buildings of different styles, while generating a harmonious scene together.

地下	北京东路（平方米）	建筑面积（平方米）	设计者	承建厂商
	2017	33484	英商公和洋行（Palmer & Turner）建筑师弗兰赛设计	怡和洋行、嘉道理洋行等出资创办的业广地产公司投资；新仁记营造厂施工
				工部局建造
	38559		英国人克罗斯曼（William Crossman）和伯依斯（Robert H.Boyce）设计	
	1535	2524	英商通和洋行（Atkinson & Dallas. Ltd）设计	华商协盛营造厂施工
	1951	12825	英商公和洋行（Palmer & Turner）设计	
	8725	14300	英商马海行（Moorhead & Halse）思儿生（R.E.Steuardson）设计	华商裕昌泰营造厂施工
	620	5561	英商公和洋行（Palmer & Turner）设计	
	7535	19359	英商公和洋行（Palmer & Turner）建筑师弗兰克·科勒德（Frank Collard）设计	英商德罗·考尔洋行(Trol.lope & coils. Ltd)承建
2	5068	30053	英商公和洋行（Palmer & Turner）威尔逊和中国建筑师陆谦受共同设计	华商陶桂记营造厂承建
1	4617	36317	英商公和洋行（Palmer & Turner）设计	华商新仁记营造厂承建
	1884	10501	英商玛礼逊洋行（G.j.Morrison）建筑师司高脱(W.Scott)设计	香港上海饭店股份有限公司投资；华商王发记营造厂承包施工
	3734	12257	英商公和洋行（Palmer & Turner）建筑师威尔逊设计	英商德罗·考尔洋行(Trol.lope & coils. Ltd)承建
	1104	8186	英商德和洋行（Lester. Johnson & Morris）设计	美商茂生洋行承建
	969	4008	英商德和洋行（Lester. Johnson & Morris）设计	
	1460	5018	德商培高洋行（BecanaBalic）的德国建筑师海因里希·倍高（Heinrich Becker）设计	华商项茂记营造厂施工
	2183	9485	1937年鸿达洋行（C.H.Gonda）设计，1946年华盖建筑师事务所修改	华商陶馥记营造厂施工
	5695	39162	英商公和洋行（Palmer & Turner）设计	英国建筑公司承建
1.5	9438	23415	英商公和洋行（Palmer & Turner）设计	英商德罗·考尔洋行(Trol.lope & coils. Ltd)承建
	455	1360	英商玛礼逊洋行（G.j.Morrison）设计	
	724	3538	英商通和洋行（Atkinson & Dallas. Ltd）设计	
	1698	4541	英商玛礼逊洋行（G.j.Morrison），英国皇家建筑协会会员格兰顿设计	
	1280	5484	英商德和洋行（Lester. Johnson & Morris）设计	
	2241	13760	英商公和洋行（Palmer & Turner）设计	华商裕昌泰营造厂施工
1	2339	9811	英国皇家建筑学会会员塔朗特（T.Tarrant）设计；英商马海洋行的日本建筑师设计室内	怡和洋行、卜内门洋碱公司、汇丰银行、英商电车公司及正广和汽水公司联合投资；英商聚兴营造厂施工
	2043	11723	英商马海洋行（Moorhead & Halse）设计	麦克倍恩公司投资；华商裕昌泰营造厂施工
			西班牙建筑师阿拓奴博设计	
0.5		9270	中法实业公司设计	中法邮船公司承建，上海潘荣记营造厂施工

① 引自《外滩万国建筑群》DVD解说词。

图片来源□图1：根据上海地方志网站《1992年中山东一路外滩建筑一览表》以及专著《上海老房子的故事》等信息绘制。参见http://www.shtong.gov.cn/node2/node4/node2249/huangpu/node34914/node34916/node62402/userobject1ai19783.html

亲近外滩
BUND THE LIVING ROOM OF SHANGHAI

图1：人行街景

图2：全景俯瞰

图3：平台上

图4：喷泉

图5：平台上

外滩是上海最重要的城市公共空间。作为上海的"客厅"，外滩也是全世界游客观光休闲的圣地。

The Bund is the most important urban public space in Shanghai. As the "living room" of Shanghai, the Bund is also the main destination for tourists from all over the world.

图1：无处乘凉

图2：建筑小品风格与整体建筑氛围不符

图3：汽车遮挡建筑立面

图8：图片索引

图4：十车道阻断历史建筑与观景平台

图5：历史建筑前观赏距离不足

图6：无障碍设施不足

图7：亲水性差

外滩现状中也有一些不尽如人意之处，如亲水性差、过境车辆遮挡历史建筑界面等。

However, there is still something needs to be improved, such as the lack of accesses to the water, the influence of heavy traffic on historical buildings, etc.

第二篇　外滩意向

THE BOND KELEEOUON

CHAPTER 2   INTENTION OF THE BUND

映像外滩
REFLECTION OF THE BUND

漫步在黄浦江畔，听海关大楼的清晨钟声，欣赏招商局柱廊的光影，感受汇丰银行前铜狮的细腻……100余年来，日落月升，潮落滩显，外滩的历史也慢慢沉淀进建筑的每一处细节。

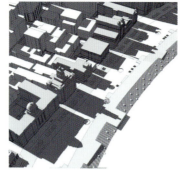

图1：夕阳光影（一）

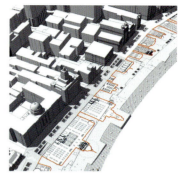

图2：夕阳光影（二）

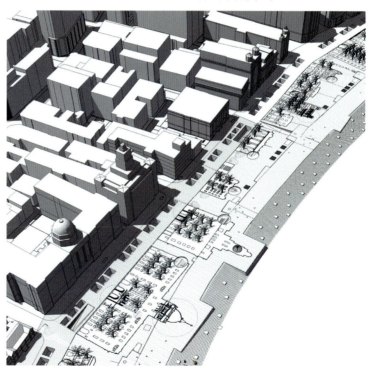

图3：外滩映像

规划设计后，由30余栋历史建筑意向构成的"外滩映像"将在外滩的地面上留下印记，形成城市广场，与葱郁的树木、亲水的浮阶构成充满人文气息的新外滩。

上海是中国近代史的缩影，而有"万国建筑博览"之称的上海外滩历史建筑群则是上海近代史的缩影。为了充分凸现外滩建筑群的特色，将原有历史建筑立面抽象为广场铺地，形成充满历史气息的"映像斜面"。

Shanghai is the epitome of China's modern history, while the historical buildings in the Bund is the epitome of Shanghai's modern history. To fully display the character of those historical buildings, we made an abstract reflection of the historical buildings' facades on the pavement of plaza, which endows the place with historical atmosphere.

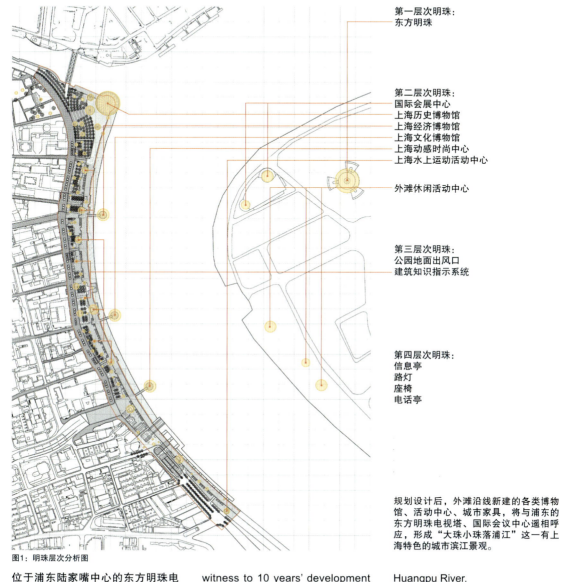

第一层次明珠：
东方明珠

第二层次明珠：
国际会展中心
上海历史博物馆
上海经济博物馆
上海文化博物馆
上海动感时尚中心
上海水上运动活动中心

外滩休闲活动中心

第三层次明珠：
公园地面出风口
建筑知识指示系统

第四层次明珠：
信息亭
路灯
座椅
电话亭

图1：明珠层次分析图

位于浦东陆家嘴中心的东方明珠电视塔，是上海改革开放十年的见证，也是上海成为现代化国际大都市的象征。不同层次的新"明珠"不但与东方明珠、国际会议中心形成呼应，同时也形成"大珠小珠落浦江"的城市滨江景观。

规划设计后，外滩沿线新建的各类博物馆、活动中心、城市家具，将与浦东的东方明珠电视塔、国际会议中心遥相呼应，形成"大珠小珠落浦江"这一有上海特色的城市滨江景观。

The Oriental Pearl TV Tower is the witness to 10 years' development in Shanghai, and also the symbol of Shanghai as an international modern metropolis. "New pearls" of different scales in this scheme are echoes of the Oriental Pearl TV Tower and Shanghai International Convention Center, and forming the new riverside landscape of Huangpu River.

千年一遇
A-THOUSAND-YEAR RETURN PERIOD

图1：20世纪20年代外滩

图2：20世纪20年代外滩

1 000年一遇洪水标警戒线，距离海平面6.9米，如不采用防洪措施，将淹没大部分外滩历史建筑的基座。

100年一遇洪水警戒线，距离海平面5.7米，比外滩地面平均高度高出2.1米。

50年一遇洪水警戒线，距离海平面5.4米，比外滩地面平均高度高出1.8米。1991年黄浦江、苏州河口水位超过4.4米警戒线达16次，多次接近50年一遇警戒线，造成巨大的经济损失和大量人员伤亡。

黄浦江20世纪江面平均高度，距离海平面3.0米。

6.900
5.700
5.400
3.000

图3：外滩剖面示意

外滩在20世纪90年代以前没有专门的防洪设施，路面与黄浦江水面的高差不足1米，人们可以很自由地来到江边的码头，欣赏江边景色。

然而，黄浦江水位时常上涨，严重威胁外滩建筑和人们的生命财产安全。特别是1991年夏季的洪水，对外滩造成了严重的影响。

There were no flood prevention facilities before 1990s, when the difference of elevation between the ground and Huangpu river was no more than one meter. It was easy for people to come to the bank and enjoy the beautiful river scene.
However, the water level was always rising in recent years, the safety of people's life and property were suffered threaten, particularly during the summer flood in 1991, which caused grave damage to the Bund.

图片来源□图1：老上海之外滩明信片□图2：百年回望——上海外滩建筑与景观的历史变迁。

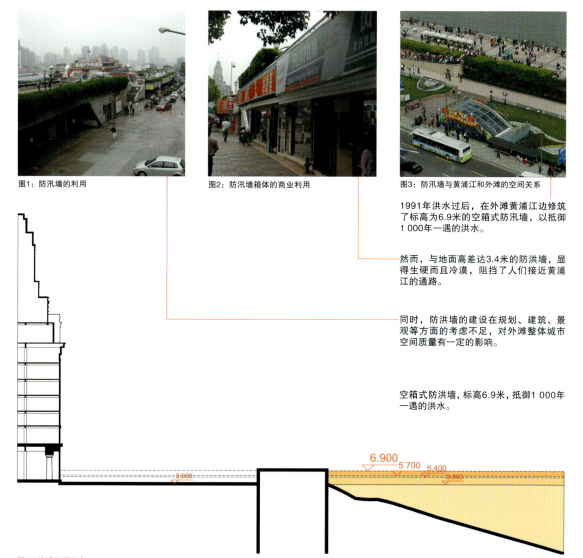

图1：防汛墙的利用

图2：防汛墙箱体的商业利用

图3：防汛墙与黄浦江和外滩的空间关系

1991年洪水过后，在外滩黄浦江边修筑了标高为6.9米的空箱式防汛墙，以抵御1 000年一遇的洪水。

然而，与地面高差达3.4米的防洪墙，显得生硬而且冷漠，阻挡了人们接近黄浦江的通路。

同时，防洪墙的建设在规划、建筑、景观等方面的考虑不足，对外滩整体城市空间质量有一定的影响。

空箱式防洪墙，标高6.9米，抵御1 000年一遇的洪水。

图4：外滩剖面示意

空箱式防汛墙的修建，阻挡了黄浦江1 000年一遇的洪水，使外滩的建筑和人群享有安全和稳定的活动空间，人民为之欢呼雀跃。但是，这样的防汛墙也存在空间使用上的隐患。

The box-structured flood bank can block the most serious flood within a thousand year, and protect the historical buildings. People could enjoy a safe life then. However, the flood bank also caused some problems.

27

图片来源□图3：http://tech.cncms.com.cn/product/di gital_dc_sony_p52

千年之隔
HUGE BARRIER ALONG THE BUND

空箱防汛墙箱体，成为阻隔人与黄浦江沟通的最主要障碍。目前箱体内部有部分商业、餐饮等设施，但远远不能满足实际需要。

在福州路路口等水流冲击严重的路段，紧靠防汛墙箱体设置加固桩基，桩基础深到地下9.450米。

空箱式防汛墙桩基在普通路段钻入地下29.500米，以抵御1 000年一遇洪水的冲击。同时，也使上部的防汛墙坚不可破。

空箱式防汛墙桩基最深处达到地下50.290米，如此深而牢固的基础没有必要拆除。因此，我们的设计也是在保留桩基和防汛墙的基础上进行的。

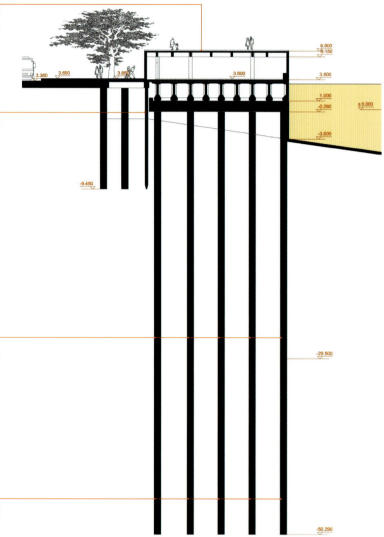

图1：空箱式防汛墙剖面

28

空箱式防汛墙抵御1 000年一遇的洪水，但也严重阻隔了外滩与黄浦江的联系。防汛墙结构复杂而坚固，所以本方案予以保留，并在此基础上设计空间及使用方式。

While blocking the flood of Huangpu River, the flood bank also blocked the connection between the Bund and the river water at the same time. Due to its complexity and firmness, the box-structure of the flood bank is retained as a precondition in this scheme.

近水浮阶
FLOATING STAIRS

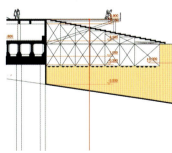

图2：浮阶剖面一

在保持原岸线不动的前提下，为还亲水性于人民，本方案设计了近水浮阶，即漂浮在浮筏上面的台阶。"浮阶"结合局部突出的平台并适当布置外滩标志座椅，使游人近水、亲水、观水，悠然自得。

本方案在总体趋势上将"浮阶"设计为与原有岸线平行，是原有岸线向江面的延伸，游人可以在浮阶任意一段接近水面。

在延安路以南，结合外滩水上中心，将"浮阶"设计成"浮码头"形式，与路面上方的"大板"相映成趣。

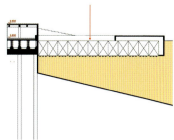

图3：浮阶剖面二

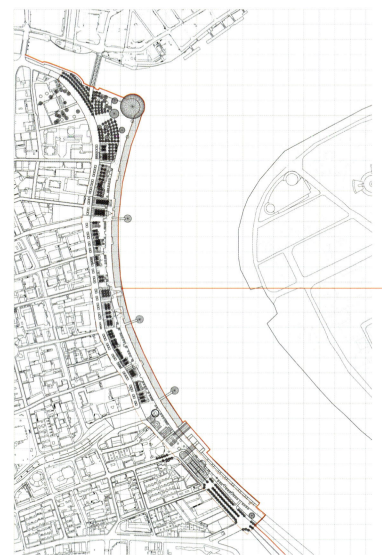

图1：浮阶平面示意

本方案设计的近水"浮阶"沿岸线水平向黄浦江延伸，恢复了外滩的近水性，使游人能自由地亲近黄浦江。

In the scheme, floating stairs extending to the Huangpu River recreate the original water accessibility of the Bund. So people could reach the nature easily.

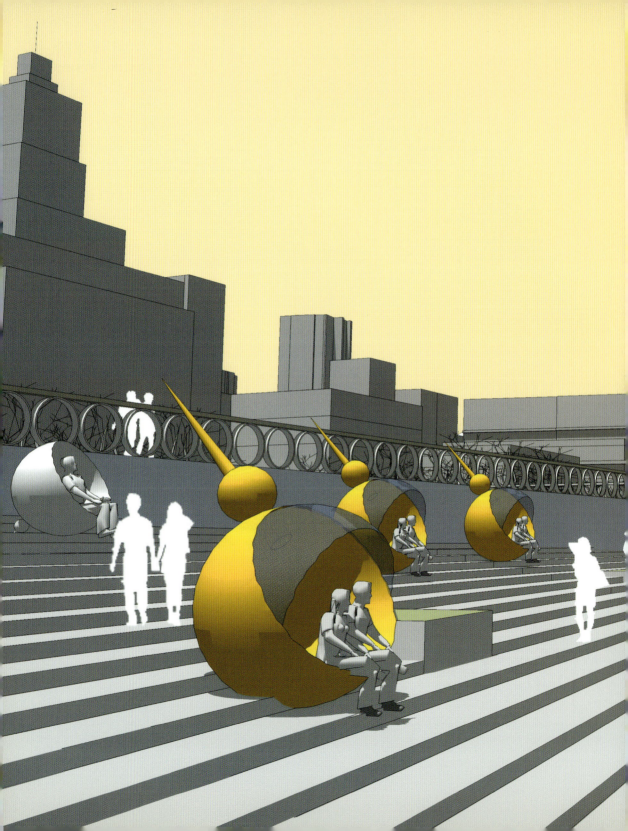

车水车龙
HEAVY TRAFFIC

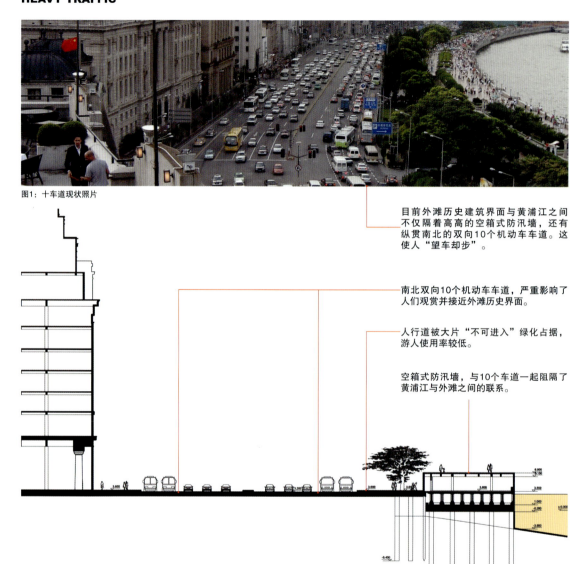

图1：十车道现状照片

目前外滩历史建筑界面与黄浦江之间不仅隔着高高的空箱式防汛墙，还有纵贯南北的双向10个机动车车道。这使人"望车却步"。

南北双向10个机动车车道，严重影响了人们观赏并接近外滩历史界面。

人行道被大片"不可进入"绿化占据，游人使用率较低。

空箱式防汛墙，与10个车道一起阻隔了黄浦江与外滩之间的联系。

图2：十车道现状剖面

现在外滩地面交通为南北双向10个车道，其中包括四个公交车道，形成了外滩"车水车龙"的混乱景象。这严重影响人们观赏并接近外滩历史建筑。

Now there are ten traffic lanes (including four bus lanes) on the road of the bund from north to south. The heavy traffic in the bund obstructs people from appreciating and accessing the historical buildings.

视不见车
INVISIBLE TRAFFIC ALONG THE BUND

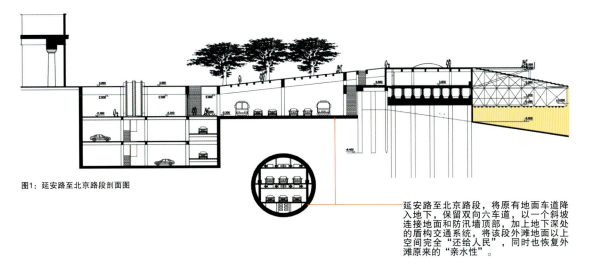

图1：延安路至北京路段剖面图

延安路至北京路段，将原有地面车道降入地下，保留双向六车道，以一个斜坡连接地面和防汛墙顶部，加上地下深处的盾构交通系统，将该段外滩地面以上空间完全"还给人民"，同时也恢复外滩原来的"亲水性"。

新开河路至延安路段，在路面以上6米架设"大板"，与建筑相接，下设垂直交通系统，游人能轻易上到板上平台，眺望外滩。

将原有地面六车道和地下六车道平行下挖。地下车道下行与北侧盾构系统相接，地面车道下行与延安路北侧车道相接同时暴露双向四车道与地面金陵路相接。

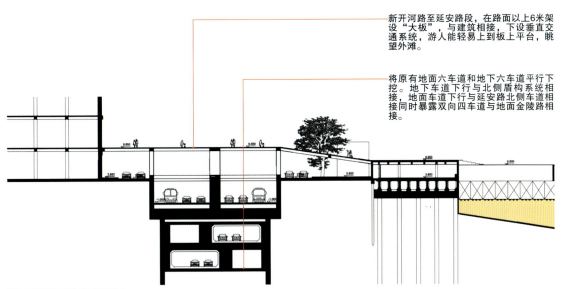

图2：新开河路至延安路段剖面图

为解决车流破坏外滩整体形象问题，本方案拟将机动车道引入地下。延安路以北在"映像"斜坡下设置南北双向六车道，并与地面和地下盾构适当连接。延安路以南结合"大板"将地面和地下车道平行下穿，与北侧车道连接。

To solve the problem of the traffic influence, the scheme introduces underground traffic lanes. To the north of Yan'an Road, there will be six lanes covered by the slope of "Reflection of the Bund", and another six in a down under shield structure. And to the south of Yan'an Road, the multi-level underground traffic lanes will be connected to the north.

33

第三篇　外滩构想

CHAPTER 3   DESIGN FOR THE BUND

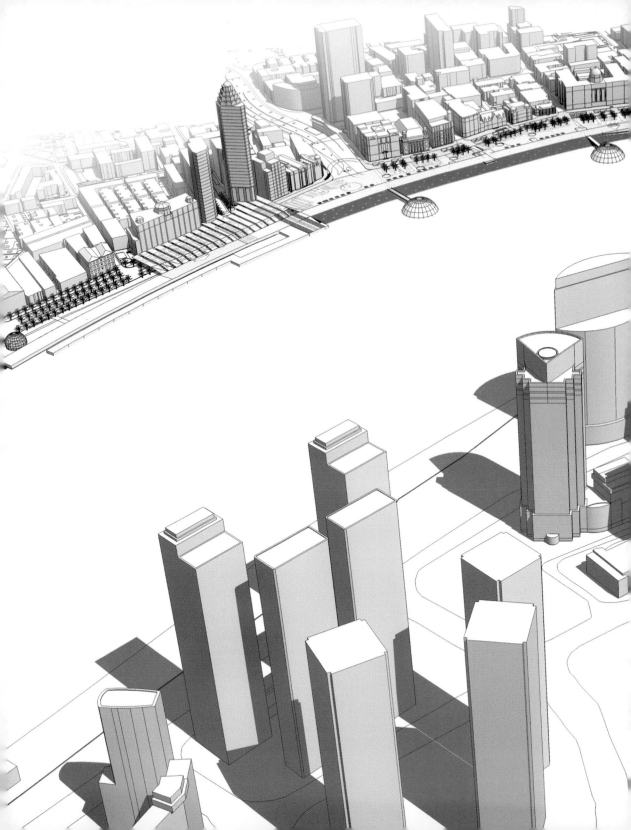

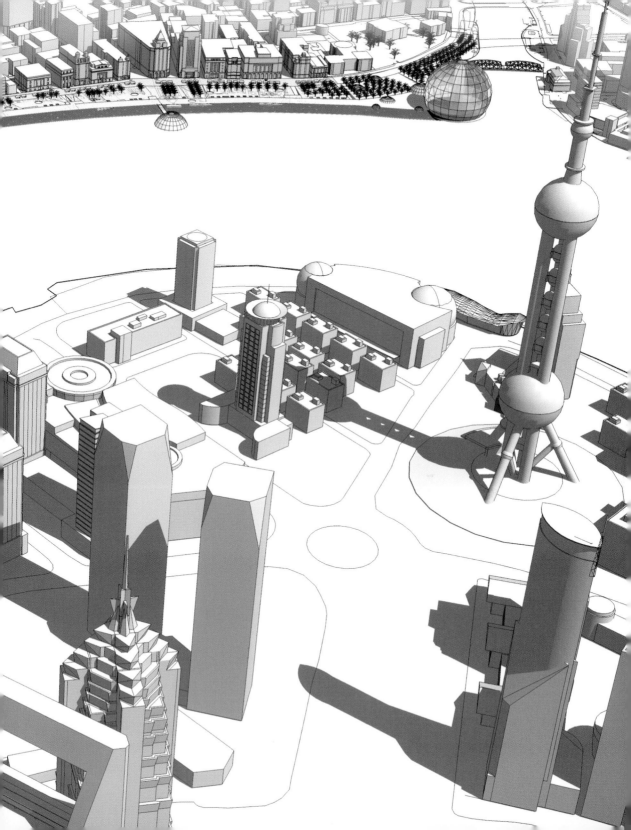

现状外滩
CURRENT BUND

图1：外滩现状

图2：人民英雄纪念塔

图3：陈毅雕塑像

图4：延安路高架闸道

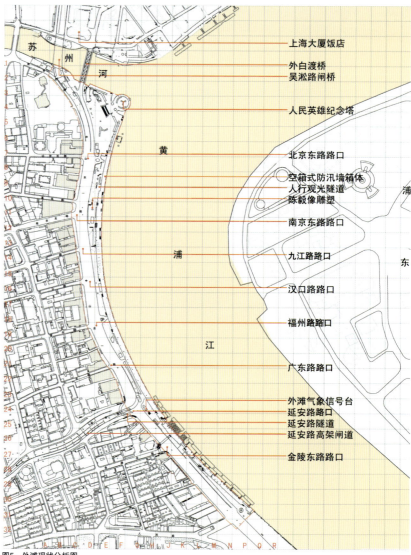

图5：外滩现状分析图

上海大厦饭店
外白渡桥
吴淞路闸桥
人民英雄纪念塔
北京东路路口
空箱式防汛墙箱体
人行观光隧道
陈毅像雕塑
南京东路路口
九江路路口
汉口路路口
福州路路口
广东路路口
外滩气象信号台
延安路路口
延安路隧道
延安路高架闸道
金陵东路路口

本方案规划设计的范围为外滩滨江区域,北起苏州河、西至中山东一路、中山东二路西侧建筑界面,南至十六铺客运中心北侧边界,东至黄浦江岸线,总用地面积约15公顷。

规划范围内包括了吴淞口闸桥、人民英雄纪念塔、陈毅像雕塑、延安路高架闸道、外滩气象信号台等现状要素。

The planning area in this scheme starts from Suzhou River in the north, to the boundary of East No.1 Zhongshan Rd. and East No.2 Zhongshan Rd. in the west, to Shi Liu Pu Transport Center in the south, and to the bank of Huangpu River in the east, takes up 15hm^2 in total.

This area includes several landmarks in the Bund, such as Wu Song Kou Bridge, the Tower to the People's Heroes, the statue of Chen Yi, the viaduct of Yan'an Road, the observatory of Shanghai, etc.

外滩总图
SITE PLAN OF THE BUND

总用地面积：150 200m²

总建筑面积：116 800m²
  地上：
  上海历史博物馆： 15 800m²
  上海经济博物馆：   3 000m²
  上海文化博物馆：   3 000m²
  上海时尚运动中心： 3 000m²
  上海水上活动中心： 3 000m²
  地下：
  万国食府：   27 000m²
  空箱休闲吧：   22 000m²
  地下停车场：   40 000m²(1 000辆)

绿地面积：24 600m²
绿地覆盖率：16.4%

立面映像铺地面积：24 570m²
普通铺地面积：   104 600m²
架空休闲平台面积： 8 400m²

浮阶：
  长度： 1 200m
  宽度： 22m
  面积： 26 400m²

主题雕塑数：15个
上海名人展明珠：100个

苏州河

黄

浦

江

浦

东

上海国际电影节广场
上海历史博物馆
历史博物馆分展室
近水浮阶

上海名人故事展
建筑知识展

通往地下万国食府的电梯
历史建筑简介牌
上海市经济博物馆

历史建筑的观景平台
历史建筑立面映像

观景平台
上海市文化博物馆

上海市动感时尚中心

上海市水上活动中心

图1：外滩概念规划总平面图

本方案将外滩历史建筑映像至地面，形成统一的人文景观，并且向人们展示历史建筑知识。本方案还将东方明珠圆球的要素引至外滩，形成了历史、经济、文化博物馆和动感时尚中心、水上活动中心。此外，浮阶的设置使得游览在外滩的人们可以亲近水面。

In this scheme, the facades of historical buildings in the Bund are reflected on the ground pavement, to form a unified scene and show people the knowledge about these buildings. The image of the Oriental Pearl TV Tower's ball is also applied in this scheme, forming the Shanghai History Museum,

Shanghai Economy Meseum, Shanghai Cultural Museum, Motion & Fashion Center, and Water Sports Center. The floating stairs provide people's accessibility to the waterfront of Huangpu River.

41

历史建筑
HISTORICAL BUILDINGS

上海大厦饭店

外白渡桥

市级机关办公楼
人民英雄纪念塔

中国光大银行上海市分行
上海文化广播影视管理局
上海文化广播影视集团
上海外贸管理局
中国农业银行上海市分行
中国工商银行上海市分行
中国银行上海市分行
和平饭店北楼
和平饭店南楼
上海珩意公司
美国友邦保险有限公司上海分公司
招商银行上海分行外滩支行
中国外汇交易中心
上海市总工会
上海海关
上海浦东发展银行

招商局（集团）上海分公司
泰国盘古银行
上海长江轮船公司
华夏银行上海外滩支行
新加坡佳通私人投资有限公司
东风饭店
中国太平洋保险公司总部
外滩历史陈列室

上海市档案馆

上海工业发展基金会

建议改造成上海电影节广场
建议改造成上海历史博物馆

建议底层架空，形成公共空间

建议底层部分架空

建议加建半球体玻璃表面

图1：历史建筑现有功能分析图

对于用地周围的历史建筑，本方案建议在全面保护的基础上进行一些局部改造，例如将人民英雄纪念塔改造成上海市历史博物馆，将有些历史建筑的底层打开，形成开放的城市空间等等。

Most of the surrounding historical buildings are preserved in the scheme, with only a few reconstruction, for example, the Tower for People's Heroes is transformed to Shanghai History Museum, ground floors of some historical buildings are opened as urban public space.

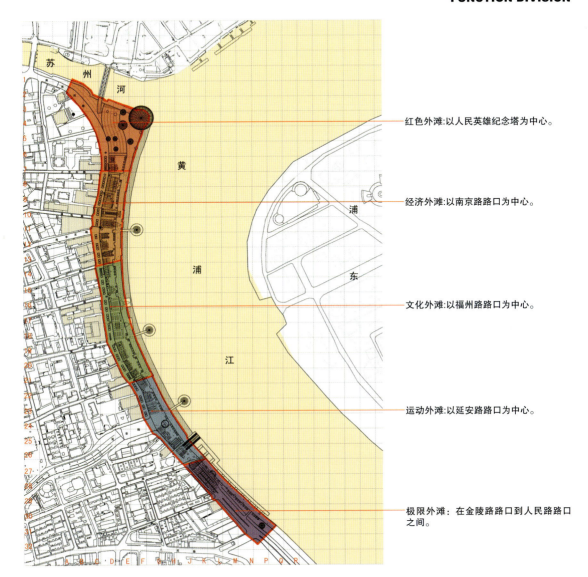

红色外滩:以人民英雄纪念塔为中心。

经济外滩:以南京路路口为中心。

文化外滩:以福州路路口为中心。

运动外滩:以延安路路口为中心。

极限外滩:在金陵路路口到人民路路口之间。

本方案将设计区域划分为五个功能区块。每个区块有其独特的主题:红色外滩、经济外滩、文化外滩、运动外滩、极限外滩。红色外滩以北端的人民英雄纪念塔为中心;经济外滩以南京路路口为中心;文化外滩以福州路路口为中心;运动外滩以延安路路口为中心;而极限外滩主要集中在区域的南端。

In this scheme, the planning area is divided into five functional zones and each zone has its own theme: Red Bund, Economic Bund, Cultural Bund, Motional Bund and Ultimate Bund. The center of Red Bund is the Tower for People's Heroes in the north, the center of Economic Bund is the crossing of

Nanjing Rd., the center of Cultural Bund is the crossing of Fuzhou Rd., the center of Motional Bund is the crossing of Yan'an Rd., and Ultimate Bund mainly focuses on the south end of this area.

外滩漫步
WALKING ON THE BUND

电瓶车观光流线：在延安东路以北的外滩历史保护区段设置供游人乘坐的观光电瓶车。

观光节点：设计的五个明珠功能体将成为外滩新的观光节点。

自动步道观光流线：在延安东路以北的防汛空箱顶部设置自动步道，满足游人长距离游憩的需求。

三级步行通道：设计改造历史建筑之间的夹缝空间，使之成为通向外滩的公共通道。

二级步行通道：将四川中路以东的滇池路、汉口路改造为步行街，作为通向外滩的次要人流通道。

一级步行通道：将南京路以及四川中路以东的福州路、延安东路改造为步行街，作为通向外滩的主要人流通道。

人流聚集区域：在各通道出口处将会形成大量人群的聚集，在设计中考虑相应的主题广场及休息空间。

过江观光隧道：将原有过江观光隧道与设计的地下一层交通体系相连，使之更为便捷。

步行区域：将延安东路以北的区域设计为连续、完整的步行区域，满足大量人群的使用需求。

人车混合通道：将北京东路、九江路、广东路改造为机动车单行线，同时供步行人流出入外滩。

空平台：在金陵渡口设置距地面6米的高架步行平台，作为外滩步行区域向南段的延伸。

人民路口：保留地面4车道及原有步行体系。

步行系统分析图

本方案将外滩的地面层设计为纯步行公共空间。通过人车分层，避免机动车流与游客人流相互干扰，消除安全隐患，营造舒适的休闲游览空间，还外滩于人民。

The ground level is designed to be pure pedestrian area. Thus the pedestrian flow is separated from the stream of traffic—a safe and comfortable recreational space is created. The Bund is returned to the public.

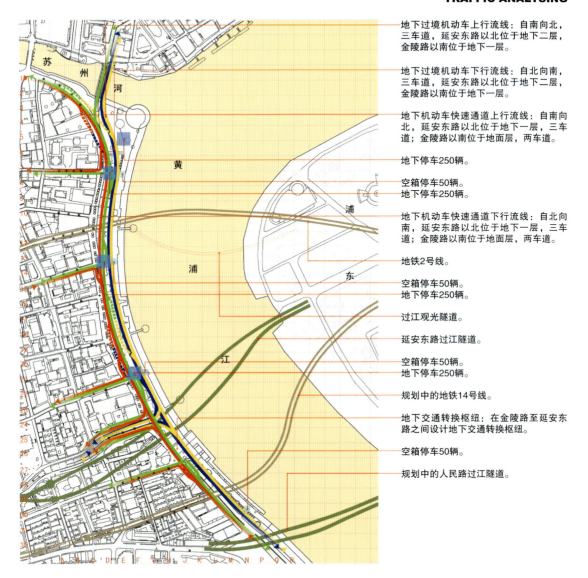

地下过境机动车上行流线：自南向北，三车道，延安东路以北位于地下二层，金陵路以南位于地下一层。

地下过境机动车下行流线：自北向南，三车道，延安东路以北位于地下二层，金陵路以南位于地下一层。

地下机动车快速通道上行流线：自南向北，延安东路以北位于地下一层，三车道；金陵路以南位于地面层，两车道。

地下停车250辆。

空箱停车50辆。
地下停车250辆。

地下机动车快速通道下行流线：自北向南，延安东路以北位于地下一层，三车道；金陵路以南位于地面层，两车道。

地铁2号线。

空箱停车50辆。
地下停车250辆。

过江观光隧道。

延安东路过江隧道。

空箱停车50辆。
地下停车250辆。

规划中的地铁14号线。

地下交通转换枢纽：在金陵路至延安东路之间设计地下交通转换枢纽。

空箱停车50辆。

规划中的人民路过江隧道。

本方案将机动车交通全部设置在地下，分上下两类通道：上层快速车行道主要服务于外滩区域工作人员和进入外滩游客的机动车；下层快速车行道主要服务于过境车辆。

All the traffic will be set in two-level underground passageways. The higher one is for people working in the Bund area and the tourists, and the lower one is for the transit traffic.

45

外滩明珠
THE BUND AND PEARLS

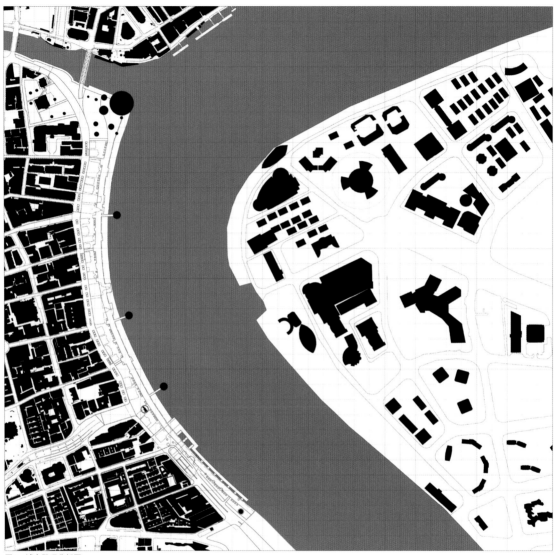

图1：城市肌理分析图

本方案充分尊重浦西外滩现有历史建筑区域肌理，同时借鉴浦东陆家嘴金融区城市肌理的特点，协调黄浦江两岸现有不同尺度的城市肌理，并形成浦西到浦东的过渡。

Fully respecting the existing urban texture of the historical Bund area, also considering the character of the Lujiazui's urban texture, the scheme coordinates two different scale urban textures of the east and the west of Huangpu River, and forms a transition part between the east and the west.

东方明珠
国际会展中心

上海历史博物馆

上海经济博物馆

上海休闲活动中心

上海动感时尚中心

上海水上运动活动中心

47

新设计的"外滩明珠"在形式上借鉴东方明珠的造型元素，同时充分考虑外滩与城市路口、外滩与浦东陆家嘴金融区的视线关系，形成空间节点。

The new "pearls of the Bund" take the form of the Oriental Pearl TV Tower as reference, while also as spacial nodes, creating visual connections between the Bund and urban intersections, also between the Bund and Pudong Lujiazui CBD.

景观外滩
LANDSCAPE ANALYSING

外滩是一个整体，与北外滩在景观视觉上以及其他方面保持非常紧密的关系，形成完整的黄浦江沿岸景观带。

呼应于东方明珠，在外滩设计了一些明珠球体建筑。

浮阶景观带：游览在外滩的人们可以通过连续的浮阶直达黄浦江水面，与水面形成极好的亲水关系。

箱体景观带：保持原有空箱式防汛墙，形成一个连续的景观带，一面感受外滩的繁华，另一面可以尽享浦东美景。

建筑知识景观带：将外滩历史文物建筑的立面映像在斜面上，并且标志有关建筑的知识，形成一个文化景观带。

城市景观在各路口与外滩形成良好的渗透关系，因而有很好的对景关系和视觉效果。

建筑细部知识的详解，介绍有关古典建筑的基础知识，同时统一形成整个外滩良好的人文景观。

整个外滩对黄埔江与浦东是完全开放与共享的关系。人们可以在此享受自由而又开阔的景观体验。

上海外滩在南面与十六铺在空间、景观、功能以及交通关系上都保持连续性。

本方案景观设计从整体出发，充分考虑了外滩与浦东东方明珠、北外滩、十六铺的关系。景观设计主要有三个层次：浮阶景观带、空箱式防汛墙箱体景观带、建筑知识景观带。此外，很多关于建筑知识详解的景观以及上海名人展的景观散布在整个外滩上。

The landscape design fully considers the relationship of the Bund with the Oriental Pearl TV Tower, North Bund, and Shi Liu Pu (16 wharf). There are three layers in landscape design: the belt of the floating steps, the belt of the empty-box flood prevention walls, and the belt of architectural knowledge.

Besides, many landscape nodes connecting with historical buildings and the Shanghai celebrities scatter all over the Bund.

图1：上海大厦顶鸟瞰图

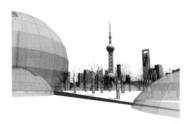

图2：黄埔公园透视图

图3：北京路路口透视图

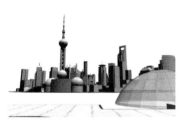

图4：南京路路口透视图

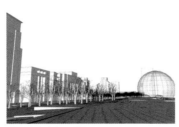

图5：南京路路口透视图

图6：福州路路口透视图

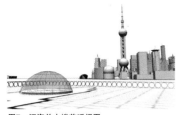

图7：江海关大楼前透视图

图8：延安路路口透视图

图9：亚细亚大楼顶鸟瞰图

本方案提供了一些推荐观景点，它们是欣赏外滩及浦东景观的最佳角度，如上海大厦顶部、黄埔公园、人民英雄纪念塔处、北京东路路口、海关大楼前、南京东路路口、福州路路口、延安路路口、亚细亚大楼顶部等等。在这些地方，建议设置专门的服务设施，可供人们在此观景留念等。

The scheme also indicates several good view points for tourists, where they could get the best view of the Bund and Pudong area, such as the top of the Broadway mansion, Huangpu Park, the Tower for the People's Heroes, the crossing of East Beijing Road, the gate of Shanghai Custom House, and the top of the Asia Petroleum Co. Building, etc. Special facilities are sugested to be installed in these places to help people see the views or take photos.

49

外滩庆典
CELEBRATION IN THE BUND

上海电影节：在原英国领事馆位置每年举办上海电影节，彰显外滩场景的国际知名度，使上海电影节更有特色、更具影响力。

图1：外滩庆典透视示意图

上海服装节、时尚周：在对应的外滩节点考虑上海服装节、时尚发布会。

图2：外滩庆典平面示意图

本方案构想今后在外滩举办重要庆典活动以及重大节庆纪念活动，如世博会庆典、上海解放100周年50万人庆典、上海开埠200周年纪念、上海电影节以及上海服装节、时尚发布会等等。

Many important celebrations and festival activities could be held in the Bund area, such as the Celebration of World Expo,100th anniversary of the liberation of Shanghai, 200th anniversary of Shanghai opening its doors to trade, Shanghai Film Festival ,etc.

图1：上海F1摩托艇比赛示意图

图2：跑酷 SHANGHAI示意图

图3：动感外滩平面示意图

投篮比赛：未来外滩地区考虑从金陵路到南京路每10米左右设置一个篮筐。供篮球爱好者使用。

滑板skurfing比赛：起点设在延安路，终点设在南京路。

跑酷SHANGHAI：起点设在延安路，终点设在南京路。

热气球比赛：每年利用6至11月份在平台上举办。

上海F1摩托艇比赛：路线考虑从外滩码头出发，世博园掉头，至吴淞口结束。

名车巡游：汇集国际上知名的品牌汽车，起点设在新开河路，终点设在外滩源一带。

本方案构想未来在外滩举办内容形式丰富的体育运动。这些运动既有传统的体育活动如赛龙舟、风筝比赛等，同时又有当代的新型体育活动，如跑酷、划板、F1摩托艇比赛等，从而创造活力四射的"动感外滩"。

And various sports activities could be held in the Bund area in the future, including both the traditional activities and the contemporary games, such as Dragon-boat race, kite competition and parkour, skate, F1 motor ship contest, etc.so that to create a lifefnl "Dynamic Bund".

设计指引
DESIGN GUIDANCE

建筑映像
BUILDINGS IMAGE

外滩映像斜面铺设：
· 两种地砖铺地形成版画效果；石材线描勾勒建筑外轮廓；马赛克写实拼嵌建筑立面。
· 不同品种草地及花卉的组合及不同标高的铺设。
· 玻璃铺地，并通过全息投影形成虚拟的立体影像。

共享外滩
SHARE THE BUND

建筑逐开放为城市公共空间：
· 整栋建筑转变功能为更开放的公共设施。
· 建筑底层开放为城市公共空间。
· 建筑顶层开放为浦江观景场所。

记忆标点
MEMORY NODES

外滩历史片断再现：
· 结合映像斜面的建筑元素设置建筑历史和风格介绍牌。
· 结合建筑历史故事设置上海历史名人雕像。
· 结合映像斜面的建筑元素设置小型喷泉。

一用千年
REUSE THE FLOODWALL

防汛墙的再利用：
· 快餐店、冷饮店、酒吧等餐饮娱乐设施。
· 城市公共基础设施，如消防控制室、变电站。
· 机动车和自行车停车场。

行览外滩
MOVING ALONG THE BUND

外滩动态观光方式：
· 小型观光电瓶车。
· 单人或双人自行车。
· 局部设置自动步道。

坐拥外滩
SITTING ALONG THE BUND

外滩静态观光方式：
· 结合映像斜面的建筑元素设置固定石质座椅。
· 直接依坐于近水浮阶。
· 临时性、可移动座椅。

声景系统
SOUNDSCAPE

外滩音响系统配置：
· 结合映像斜面的建筑元素布置。
· 结合广场家具、近水浮阶布置。
· 结合广场各种活动设置临时性音响设备。

光景系统
LIGHTSCAPE

外滩照明系统配置：
· 满足城市夜间照明要求设置路灯，主要考虑：靠近历史建筑界面、映像斜面、箱体顶部及浮阶。
· 结合映像斜面的历史建筑知识系统设置重点照明。
· 结合广场各种活动预留设备接口。

本方案对设计相关的各个方面提出了指导性的建议，其中包括：外滩映像铺地的方式、整体色彩配置、绿化植被配置、历史元素再现、现有建筑及防汛墙的功能优化、外滩游览行为方式、配套公共服务设施、不同人群的使用需求、生态技术利用、信息指示系统，以及外滩形象标识的设计等。

The scheme provides design guidance in different aspects, including the pavement patterns of "Reflection of the Bund", color design, planting system, historical elements, how to take advantage of existing buildings and the flood prevention walls, the visiting route in the Bund, public service facilities, requirement of different people, the use of eco-technique, information system, and design of the icon of the Bund, etc.

色彩外滩
COLORFUL BUND

外滩色彩体系配置：
· 整体基调以暖灰色为主。
· 临时性公共设施多采用透明或半透明色。
· 局部采用鲜亮纯色点缀。

遮阳避雨
SUNSHADE FURNITURE

外滩遮阳避雨设施：
· 结合映像斜面的建筑门窗设置移动式遮阳避雨架。
· 结合地下空间采光井设计遮阳棚架。
· 近水浮阶上预留遮阳设备固定孔洞。

植物配置
GREEN SYSTEM

外滩绿化植物配置：
· 结合映像斜面建筑门窗种植高大乔木，建议12—15米。
· 结合遮阳棚架配置攀藤植物。
· 结合广场、近水浮阶配置盆栽灌木及各种花卉。

绿色科技
ECO-TECNOLOGY

充分结合设计配置绿色技术：
· 映像斜面上各种设施利用太阳能光电板、光导纤维等技术。
· 采用全息影像技术在地面和江面再现历史场景。
· 近水浮阶设置潮汐发电系统。

宜人外滩
PLEASANT BUND

完善的公共服务设施体系：
· 融合上海及外滩元素设计公厕、自动售货机、垃圾桶等设施。
· 结合广场各种活动设置可移动公共服务设施。
· 结合空箱设置弹出式公共服务设施。

情满外滩
SOCIAL CARE

考虑各种使用人群的特殊需要：
· 充分考虑残疾人、老人、妇婴等弱势群体需要，设置坡道、盲道、触摸地图等无障碍设施。
· 营造适宜情侣的浪漫空间。
· 设置游客与广场鸽的互动场所。

按图索滩
INDICATING SYSTEM

外滩信息指示系统：
· 结合映像斜面的建筑门窗、铺地等元素设置信息亭或指示牌。
· 结合广场家具、雕塑小品、座椅等设置指示牌。
· 采用无线网络和全息技术构建虚拟外滩游览。

形象外滩
BUND MASCOT

具有上海特色的形象元素：
· 上海市花——白玉兰。
· 浦东象征——东方明珠。
· 融入东方明珠和历史建筑元素的外滩吉祥物——浜浜。

图解指引
DIAGRAM

(图1)彩砖铺地：将建筑映像用建筑实景照片处理成马赛克彩块的形式表现，用彩砖铺成，使地面形成一幅彩画。

(图2)花岗石线描铺地：将建筑原型抽象成线条，以深色花岗石铺成。

图1：彩砖铺地

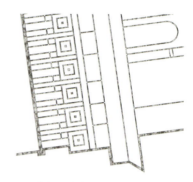

图2：花岗石线描铺地

(图3)空箱利用：将空箱式防汛墙的内部空间利用成为快餐店、冷饮店、酒吧等商业空间，对外开放。

(图4)共享外滩：将部分建筑底层变为城市公共空间，或顶层开放成为观景场所。

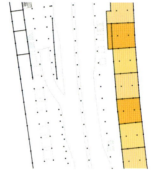

图3：空箱利用

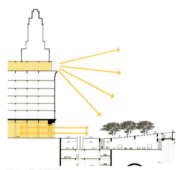

图4：共享外滩

(图5)结合映像斜面的座椅：室外座椅的设计上采用建筑原型的装饰花纹，并依照在映像上的位置来进行布置。

(图6)明珠座椅：借鉴"明珠"的形式，座椅分为双人座椅和单人座椅两种规格，可以安排在近水浮阶上。

图5：结合映像斜面的座椅

图6：明珠座椅

54

本方案依据设计指引，对具体的细部如地面铺装、空间再利用、座椅、照明灯具、音箱、信息亭、标识牌、雕塑和喷泉等提供了可能的设计意向，便于在具体设计时进行选择。

The scheme also includes some details design, for example, the pavement patterns, chairs, lights, sound boxes, information pavilions, signs, sculptures, fountains,etc.

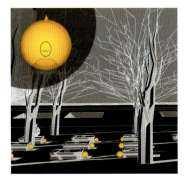

图1：地灯

图2：音箱

(图1)地灯：以吉祥物浜浜为原型设计的地灯布置在座椅的两端，照亮外滩，是光景系统的组成部分。

(图2)音箱：同样以浜浜为原型设计的音箱可以挂在树上，为外滩提供背景音乐或在举行集会时使用。

图3：电子外滩信息亭（银色）

图4：电子外滩信息亭（金色）

(图3、图4)电子外滩信息亭：信息亭以浜浜为原型设计，可以提供信息查询、公用电话等电子公共服务。信息亭分为银色和金色两种。

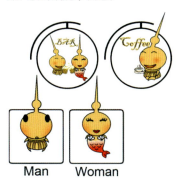

图5：标识牌

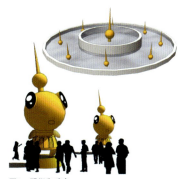

图6：雕塑和喷泉

（图5）标识牌：以浜浜为原型设计标识牌，提示各种公共场所的功能。

（图6）雕塑和喷泉：作为外滩记忆标点的组成部分，构成外滩的景观系统。

本方案在细节设计意向中结合原创的外滩吉祥物——浜浜的造型，如地灯、音箱、信息亭、标识牌、雕塑和喷泉等，以增加外滩的亲近感和趣味感。

Several details take the shape of the new logo of the Bund—"Bund-bund", to make the place more delightful and interesting.

第四篇　外滩分区

外滩分区
ZONING OF THE BUND

外滩伍区:红色外滩。展示上海历史、革命事件、革命人物,以及老上海影视节目与影视明星风采,设计上海历史博物馆与上海国际电影节广场。

外滩肆区:经济外滩。结合原有区域内经济条件、上海老字号等,在此设计上海经济博物馆,建造地下万国食府等。

外滩叁区:文化外滩。以文化活动内容为主题,并且建造上海文化博物馆,展览上海文化生活与上海文化名人。

外滩贰区:运动外滩。将各种运动内容引入到此组团区域,如滑板、街头篮球等活动。设计上海时尚运动中心。

外滩壹区:极限外滩。将各种水上运动在此集中设计,建造水上运动活动中心,充分展示水上运动与极限运动的魅力。

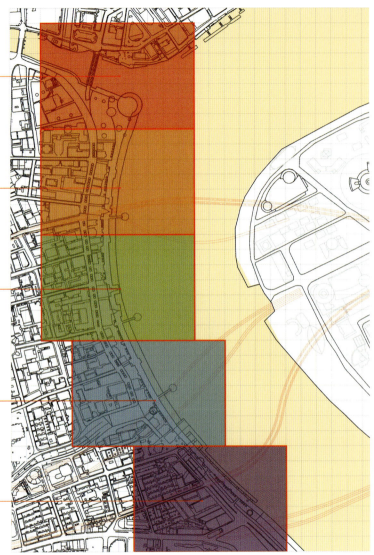

组团分区图

结合五个功能分区——红色外滩、经济外滩、文化外滩、运动外滩和极限外滩,分别对应地将规划区域范围分为五个组团:外滩伍区、外滩肆区、外滩叁区、外滩贰区、外滩壹区,并且分组团详细设计。

According to the five functional districts: Red Bund, Economic Bund, Cultural Bund, Motional Bund, and Ultimate Bund, this area is divided to five zones.

结合各组团分区，在外滩滨江区域内设计上海名人100的介绍展示，分别对应于上海革命人物、上海影视人物、上海经济人物、上海科技人物、上海文化艺术人物、上海体育人物、上海建筑师、上海医学名人等。

A display on 100 celebrities of Shanghai is laid out along the river. The celebrities include revolutionaries, actors and actresses, economists, scientists, scholars, artists, athletes, architects, doctors and so on.

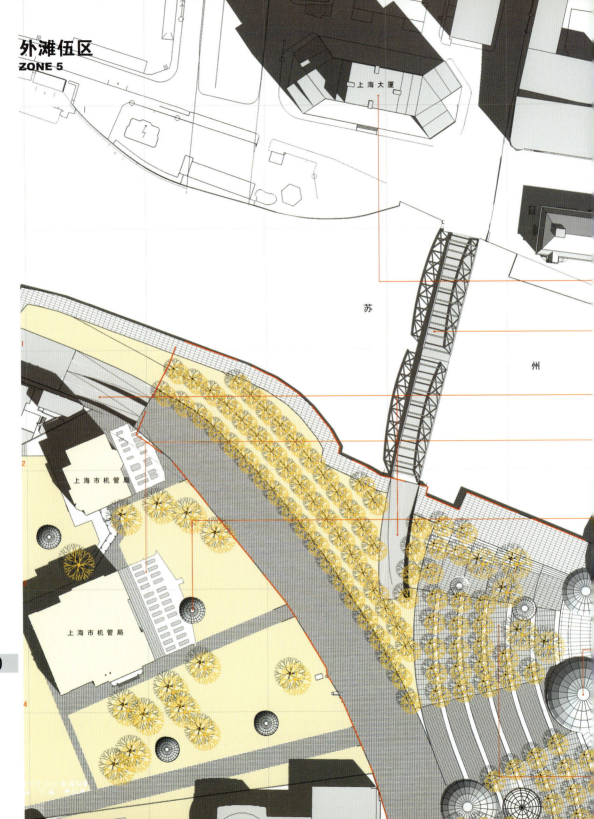

上海大厦

苏

州

上海市机管局

上海市机管局

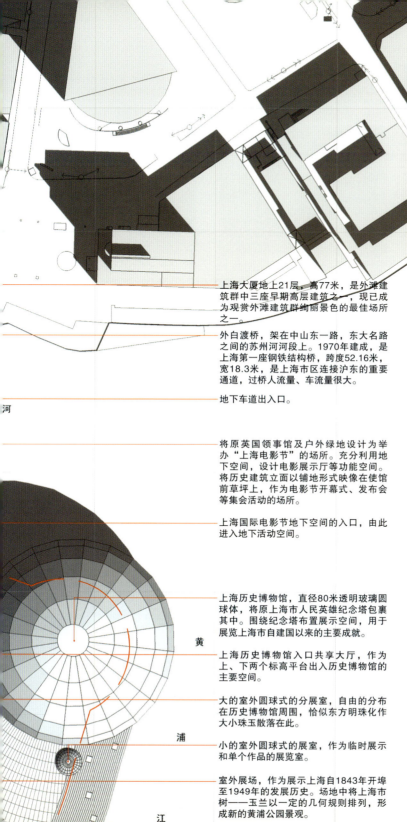

地块位置图
LOCATION

上海大厦地上21层，高77米，是外滩建筑群中三座早期高层建筑之一，现已成为观赏外滩建筑群绚丽景色的最佳场所之一。

外白渡桥，架在中山东一路、东大名路之间的苏州河河段上。1970年建成，是上海第一座钢铁结构桥，跨度52.16米，宽18.3米，是上海市区连接沪东的重要通道，过桥人流量、车流量很大。

地下车道出入口。

将原英国领事馆及户外绿地设计为举办"上海电影节"的场所。充分利用地下空间，设计电影展示厅等功能空间。将历史建筑立面以铺地形式映像在使馆前草坪上，作为电影节开幕式、发布会等集会活动的场所。

上海国际电影节地下空间的入口，由此进入地下活动空间。

上海历史博物馆，直径80米透明玻璃圆球体，将原上海市人民英雄纪念塔包裹其中。围绕纪念塔布置展示空间，用于展览上海市自建国以来的主要成就。

上海历史博物馆入口共享大厅，作为上、下两个标高平台出入历史博物馆的主要空间。

大的室外圆球式的分展室，自由的分布在历史博物馆周围，恰似东方明珠化作大小珠玉散落在此。

小的室外圆球式的展室，作为临时展示和单个作品的展览室。

室外展场，作为展示上海自1843年开埠至1949年的发展历史。场地中将上海市树——玉兰以一定的几何规则排列，形成新的黄浦公园景观。

设计将外滩伍区定位为"红色外滩"，以现有的"上海市人民英雄纪念塔"为标志，结合区域历史事件，充分展示此区的红色特性。

"红色外滩"主要内容包括上海历史博物馆、上海电影节、外白渡桥及上海大厦。

上海历史博物馆：结合上海市人民英雄纪念塔所蕴含的红色的氛围，通过加建形成上海市历史博物馆，主要展示自建国以来上海的建设状况。同时融合黄浦公园的景观规划，成为历史博物馆的室外展示空间。

上海电影节：鉴于上海电影节已经形成的国际知名度，本设计将举行上海电影节的场所移至外滩，利用原英国领事馆建筑及周边宽敞的绿化环境，通过地下空间的加建与改造，成为满足电影节使用功能的理想场所，使现代艺术形式与历史文化完美融合，从而进一步提升上海电影节的国际影响力。

设计考虑融合地段北侧的外白渡桥及上海大厦等历史元素，围绕苏州河口完整的景观空间形态，形成新的城市空间节点。

61

红色丰碑
REVOLUTIONARY MONUMENT

图1：黄浦公园现状照片

图2：黄浦公园历史照片

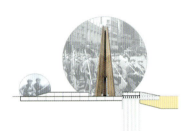

图3：文化博物馆剖面设计示意图

图4：上海历史博物馆透视图

图5：上海历史博物馆模型照片

规划将原黄浦公园改造成为上海历史博物馆，用于展示上海历史文化以及纪念近现代上海革命人物和革命事件。使之成为展现上海革命的"红色丰碑"。

The original Huangpu Park is transformed to Shanghai History Museum, to show Shanghai's history, culture, and to commemorate the revolutionary figures and events in modern Shanghai, which will become the 'Revolution Monuments' of Shanghai.

图片来源□图2：《老上海之外滩明信片》

图1：英领馆地段历史照片

图2：英领馆地段现状照片

停车场占用绿化广场，未来设计移至专用地下停车场。

图3：上海电影节会场透视图

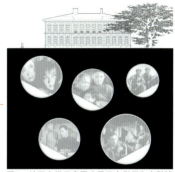

图4：地下空间示意图（用于电影厅和电影博物馆）

图5：上海电影节会场透视图

规划在原英国领事馆地段，设计"上海国际电影节"庆典会场，利用地下空间设计电影博物馆及影视中心，记录上海电影的"流金岁月"。

The original site of British Consulates is to be used as the assembly hall of the annual movie festival of Shanghai in the future, and the underground space will contain a movie museum and cinema center, to record Shanghai movie's golden times.

63

图片来源□图1：《百年回望：上海外滩建筑与景观的历史变迁》

中国光大银行

上海市文化广播影视集团

北 京 东 路

上海市对外贸易局

怡 和 洋 行

中国农业银行上海市分行

工商银行上海市分行营业部

中国银行上海市分行

滇 池 路

和平饭店北楼

南 京 路

和平饭店南楼

以明珠形态来设计上海历史博物馆分展厅，形成与主展厅以及浦东东方明珠的呼应。

上海历史博物馆南端辅助入口。

通往防汛空箱层的台阶。

通往防汛空箱层的电梯。

北京东路设计为机动车单行线，设置地下行车道出口坡道。

地下行车道及停车库出口通道。

通往地下万国食街的台阶。

通往地下万国食街的电梯。

黄

以明珠形态设计上海知名品牌展示灯柱与雕塑。

民族外滩主题雕塑——中国国旗设计者曾联松及国旗诞生过程展示。

结合对应历史建筑在映像斜面上投影的主入口形式，设计历史建筑风格的标识牌，介绍该历史建筑整体的风格特征知识。

浦

沿原有的空箱式防汛墙岸线设计近水浮阶，作为市民亲水游戏、纳凉休息以及游客观赏浦东美景的场所。
结合浮阶上的独立平台，设置情侣座椅等观景设施。

结合映像斜面上投影的历史建筑高度，设计推荐观景点。

以平面刻画阴影形式展示对应历史建筑的精华部分，并考虑在夜间通过射灯照射，加以强调。

江

以玻璃地板覆盖下的雕塑形式，真实再现对应历史建筑的精华部分。

以明珠形态半球体覆盖的雕塑形式，展示对应历史建筑的精华部分。

将陈毅雕塑像抬升至映像斜面之上，形成以之为中心的上海经济博物馆室外展场。

结合历史建筑在映像斜面上投影的门窗等建筑元素，设计种植树坑，形成集中的树荫广场。提取部分历史建筑立面元素设计供游人休息的座椅。同时，结合地下食街，将部分餐饮功能移至地面。

以南京路口的人群聚集区域为依托，以外滩肆区重点历史建筑——和平饭店为背景，设计消夏音乐广场。

在南京路口两侧设置通往地下万国食街的集中出入口，以楼梯和电梯形式疏散人群。

设计上海市经济博物馆，集中展示上海市在经济领域中所取得的巨大成就。

经济外滩
ECONOMIC BUND

地块位置图
LOCATION

设计将外滩肆区定位为"经济外滩"，以上海市及外滩在历史及当代经济领域的重要作用为依托，通过设计相应的功能空间，以博物馆的形式集中展现。

"经济外滩"主要内容包括南京路轴、上海经济博物馆、民族外滩、地下万国食街北段及空箱餐吧北段。

南京路轴：以南京路步行街及陈毅像雕塑广场为中心，设计上海经济博物馆。以漂浮在黄浦江面上的明珠形态，作为南京路向浦东东方明珠延伸的景观节点，形成以经济为主题的轴线序列。设计的玻璃圆球直径40米，其顶面超出江面约13米，减小对历史建筑界面的影响。

民族外滩：位于北京东路口的空箱平台上。以中国国旗设计者——曾联松及国旗诞生过程介绍为主，结合上海市的知名品牌和民族产业的展示，体现上海市与中华民族休戚相关的特征。

地下万国食街北段：位于北京东路与南京路之间，靠近历史建筑一侧。在历史建筑界面及映像斜面之间保留24米的间距，地下设计以各国饮食为主要内容的"万国食街"，可以作为2010年上海世博会各国饮食文化的集中展示区。

空箱餐吧北段：位于北京东路与南京路之间的防汛空箱内。保留原有的空箱式防汛墙，在南京路附近将空箱改造为冷饮、酒吧、快餐等功能场所，供游人休憩。

65

南京路轴
THE AXIS OF NANJING ROAD

电线杆、隔离带对景观造成不利影响，同时车流也对外滩的可达性构成阻隔。在设计中考虑为全步行系统。使得南京路轴与外滩形成统一连贯的整体。

图1：南京路轴现状照片

图2：南京路地段历史照片

图3：经济博物馆剖面设计示意图

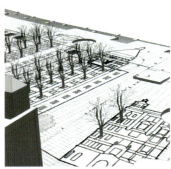

图4：南京路轴透视图

图5：南京路轴设计模型照片

南京路是上海最著名的商业街，本方案设计上海经济博物馆等功能空间，展现上海市及外滩在中国历史及当代经济领域的重要作用。

Nanjing Rd. is the most famous commercial street of Shanghai. The Shanghai Economy Museum in the scheme will show the importance of Shanghai and the Bund in China's history and economy development.

图片来源□图2：《Building Shanghai: the story of China's gateway》

图1：模型照片

美国友邦保险有限公司

招商银行上海市分行

中国外汇交易中心

第一律师事务所

市总工会大楼

上海海关大楼

上海浦东发展银行大楼

上海轮船招商局

江

九

路

汉

口

路

四

川

中

路

福

州

路

通往空箱餐吧中段的电梯。

通往空箱餐吧中段的台阶。

九江路设计为机动车单行线，设置地下行车道入口坡道。

地下行车道及停车库入口通道。

通往地下万国食街中段的电梯。

通往地下万国食街中段的台阶。

设计明珠形态的上海经济人物展示灯柱与雕塑。

金融外滩主题雕塑——展示上海金融家。

结合对应历史建筑在映像斜面上投影的主入口形式，设计历史建筑风格的标识牌，介绍该历史建筑整体的风格特征知识。

沿原有的空箱式防汛墙岸线设计近水浮阶，作为市民亲水游戏、纳凉休憩以及游客观赏浦东美景的场所。

结合浮阶上的独立平台，设置情侣座椅等观景设施。

结合映像斜面投影的历史建筑高度，设计推荐观景点。

以玻璃地板覆盖下的雕塑形式，真实再现对应历史建筑的精华部分。

以平面刻画阴影形式展示对应历史建筑的精华部分，并考虑在夜间通过射灯照射加以强调。

以明珠形态半球体覆盖的雕塑形式，展示对应历史建筑的精华部分。

设计明珠形态的上海文化人物展示灯柱与雕塑。

艺境外滩主题雕塑——展示上海艺术家。

结合历史建筑在映像斜面上投影的门窗等建筑元素，设计种植树坑，形成集中的树荫广场。提取部分历史建筑立面元素设计供游人休息的座椅。同时，结合地下的万国食街功能，可以将部分餐饮功能移至地面。

以福州路口的人群聚集区域为依托，以外滩叁区重点历史建筑——海关大楼及汇丰银行大楼为背景，设计综合演艺广场，用于举行大型文娱活动。

在福州路口两侧设置通往地下万国食街的集中出入口，设计专用楼梯和电梯疏散人群。

设计明珠形态的上海文化人物展示灯柱与雕塑。

艺境外滩主题雕塑——展示上海艺术家。

设计上海市文化博物馆，集中展示海派文化的博大精深。

通往上海市文化博物馆的栈桥。

黄

浦

江

文化外滩
CULTURAL BUND

地块位置图
LOCATION

设计将外滩叁区定位为"文化外滩"，以区段内的海关大楼及汇丰银行大楼为代表的外滩独特历史建筑文化为重点，结合现有福州路文化街的文化气息，通过设计相应的功能空间和室外展场，以博物馆的形式集中展现"海派文化"的独特魅力。

"文化外滩"主要内容包括上海文化博物馆、双星闪耀、地下万国食街中段及空箱餐吧中段。

上海文化博物馆：位于福州路路口黄浦江面上。设计漂浮在黄浦江面上的明珠，作为福州路向浦东东方明珠延伸的景观节点，与文化街共同组成文化轴线序列。设计的玻璃圆球体直径40米，其顶面超出江面约13米，减小对历史建筑界面的影响。

双星闪耀：海关大楼及汇丰银行大楼是外滩历史建筑的最精华部分，设计对其所在区段进行了重点处理，进一步强化双星闪耀的魅力。

地下万国食街中段：位于南京路路口至福州路路口之间，靠近历史建筑一侧。在历史建筑界面及映像斜面之间保留24米的间距，地下设计以各国饮食为主要内容的"万国食街"，可以作为2010年上海世博会各国饮食文化的集中展示区。

空箱餐吧中段：位于南京路路口至福州路路口之间的防汛空箱内。保留原有的空箱式防汛墙，在南京路附近设计将空箱改造为冷饮、酒吧、快餐等功能场所，供游人休憩。

福州路路口
THE CROSSING OF FUZHOU ROAD

电线杆对景观造成不利影响，在新设计中考虑在地下管沟中设置。

图1：福州路路口现状照片

图2：福州路路口历史照片

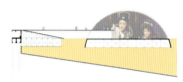

图3：文化博物馆剖面设计示意图

图4：福州路轴设计模型照片

图5：福州路轴透视图

本设计将外滩叁区定位为"文化外滩"，以区段内的海关大楼及汇丰银行大楼为代表的外滩独特历史建筑文化为重点，结合现有福州路文化街的文化气息，通过设计相应的功能空间和室外展场，以博物馆的形式集中展现"海派文化"的独特魅力。

The Zone 3 is designed as "the Cultral Bund". The scheme focuses on two important historical buildings in the area–the Cunstom Building and Hongkong & Shanghai Banking Corporation building, and integrates the existing Fuzhou Culture Street. Through the design of relevant functional spaces and outdoor exhibition place, a museum will show the special charm of Shanghai Culture.

图片来源□图2：《百年回望：上海外滩建筑与景观的历史变迁》

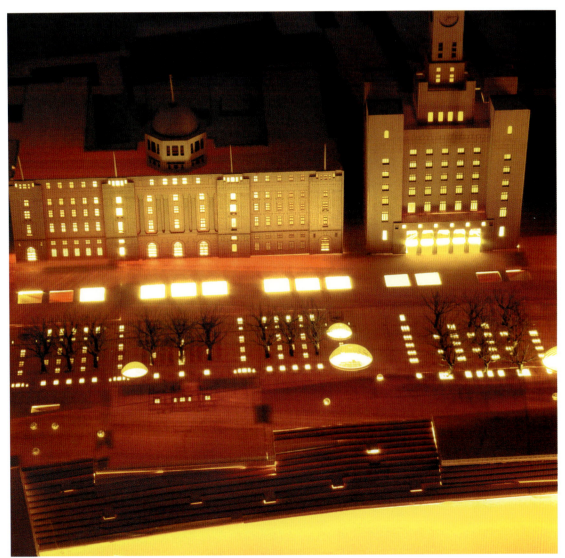

图1：模型照片

外滩贰区
ZONE 2

盘谷银行大楼

长江轮船公司大楼

华夏银行大楼

佳通物业管理有限公司

东风饭店

太平洋保险公司

新优酒店

通往空箱餐吧中段的电梯。

通往空箱餐吧中段的台阶。

广东路设计为机动车单行线，设置地下行车道出口坡道。

地下行车道及停车库出口通道。

设计明珠形态的上海时尚运动人物展示灯柱与雕塑。

通往地下万国食街南段的台阶。

结合映像斜面投影的历史建筑高度，设计推荐观景点。

运动外滩主题雕塑——展示上海体育健儿。

结合对应历史建筑在映像斜面上投影的主入口形式，设计历史建筑风格的标识牌，介绍该历史建筑整体的风格特征知识。

沿原有的空箱式防汛墙岸线设计近水浮阶，作为市民亲水游戏、纳凉休憩以及游客观赏浦东美景的场所。

结合浮阶上的独立平台，设置情侣座椅等观景设施。

以玻璃地板覆盖下的雕塑形式，真实再现对应历史建筑的精华部分。

以明珠形态半球体覆盖的雕塑形式，展示对应历史建筑的精华部分。

通往上海市时尚运动中心的栈桥。

设计明珠形态的上海文化人物展示灯柱与雕塑。

结合历史建筑在映像斜面上投影的门窗等建筑元素，设计种植乔树坑，形成集中的树荫广场。提取部分历史建筑立面元素设计供游人休息的座椅。同时，结合地下的万国食街功能，可以将部分餐饮功能移至地面。

改造设计原有上海气象信息台。

以延安路口的人群聚集区域为依托，以外滩贰区重点历史建筑为背景，设计综合文娱广场，用于举办大型时尚运动。

黄

浦

江

上海市时尚运动中心

运动外滩
MOTIONAL BUND

地块位置图
LOCATION

设计将外滩贰区定位为"运动外滩"，将延安路口改造成宽阔的广场空间，以区域内的历史建筑和新建筑为依托，设计时尚运动、休闲空间。

"运动外滩"主要内容包括上海市时尚运动中心、架空休闲平台、地下万国食街南段及空箱餐吧南段。

上海市时尚运动中心：位于延安路口黄浦江面上。设计漂浮在黄浦江面上的明珠，作为延安路向浦东东方明珠延伸的景观节点。设计的玻璃圆球体直径40米，顶面超出江面约13米，减小对历史建筑界面的影响。

架空休闲平台：位于光明大厦、东方饭店、新外滩商厦处，架起离地面6米高的平台，作为休闲与疏散广场。并且将平台通过斜坡整体连接至空箱式防汛墙平台上。平台下是通往地下车道的出入口与车道，上方盖板的缝隙与挖空的圆洞，作为采光井，为车道提供采光。

地下万国食街南段：位于广州路口至延安路口之间，靠近历史建筑一侧。在历史建筑界面及映像斜面之间保留24米的间距，地下设计以各国饮食为主要内容的"万国食街"，可以作为2010年上海世博会各国饮食文化的集中展示区。

空箱餐吧南段：位于广东路口至金陵东路口之间的防汛空箱内。保留原有的空箱式防汛墙，改造为冷饮、酒吧、快餐等功能场所，供游人休憩。

档案馆外滩分馆

延安路路口
THE CROSSING OF YAN'AN ROAD

图1：延安路路口现状照片

图2：延安路地段历史照片

图3：动感时尚中心剖面设计示意图

图4：延安路路口透视图

图5：延安路路口设计模型照片

延安路路口设计成为动感时尚轴，在此可以举行各种体育活动，如投篮比赛、划板比赛。在延安路东端的水中节点处设置动感时尚中心，以展示上海在时尚运动领域的成就。

Yan'an Road is designed to be a motion and fashion axis, where various sports activities could be held, such as basketball games and skurfing games. At the east end of Yan'an Road, there will be a Motion and Fashion Center to hold fashion shows of Shanghai.

图片来源□图2：《老上海200旧影》

图1：模型照片

金　陵　东　路

东方饭店

新外滩商厦

工业基金会大

新　永　安　路

人　民　路

黄

浦

江

结合映像平台盖板上投影的门窗建筑元素，形成下层车道的采光洞口。

沿原有的空箱式防汛墙岸线设计近水浮阶，作为市民亲水游戏、纳凉休憩以及游客观赏浦东美景的场所。

设计明珠形态的上海极限运动展示厅。

结合斜坡，设计空箱餐吧的地面采光通风井。

结合地下的餐吧功能，将部分餐饮功能移至地面。

极限外滩主题雕塑——展示上海极限运动的著名人物与事件。

设计明珠形态的上海极限运动人物展示灯柱与雕塑。

通往空箱停车场的通道。

上海市外滩仪表电子电器招商市场

上海市水上活动中心

结合地下的餐吧功能，将部分餐饮功能移至地面。

结合斜坡，设计地下空箱餐吧的采光通风井。

在东方饭店、新外滩商厦处，架起离地面6米高的平台，作为休闲与疏散广场空间。

提取部分建筑立面元素设计供游人休息的座椅。

利用盖板之间2米宽的缝形成地上车道与地下车道出入口的采光缝。

极限外滩
ULTIMATE BUND

地块位置图
LOCATION

设计将外滩壹区定位为"极限外滩"，以区段内的历史建筑工业基金会大楼以及新的东方饭店、新外滩商厦的独特形象为重点，结合现有的金陵东路、人民路等的现代气息，通过设计相应的功能空间和室外展场，以水上活动中心的形式来集中展现"极限运动"和水上运动的非凡魅力。

"极限外滩"主要内容包括水上活动中心、架空休闲平台、空箱餐吧南段。

上海水上活动中心：位于人民路的延续段新开河南路的斜面上。设计直径为20米的明珠形态活动空间，作为新开河南路向浦东东方明珠延伸的景观节点，形成视觉上的对景与渗透。

架空休闲平台：位于光明大厦、东方饭店、新外滩商厦处，架起离地面6米高的平台，作为休闲与疏散广场。并且将平台通过斜坡整体连接至空箱式防汛墙平台上。平台下是通往地下车道的出入口与车道，上方利用盖板的缝隙与挖空的圆洞作为采光井，为车道提供采光。

空箱餐吧南段：位于金陵东路路口至新开河路路口之间的防汛空箱内。保留原有的空箱式防汛墙，设计冷饮、酒吧、快餐等功能场所，供游人休憩。

金陵渡口
JINLING FERRY

码头立面杂乱无章，并且与堤岸关系不佳。在规划中统一设计成新型旅游观光码头。

图1：金陵渡口现状照片

图2：金陵渡口历史照片

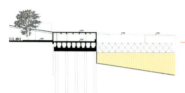

图3：剖面示意图

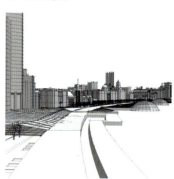

图4：金陵渡口透视图

图5：金陵渡口设计模型照片

将原金陵路外滩节点改造设计成为新型游船码头，保留原有轮渡码头功能，增设黄浦江游览观光功能，也可通过游船抵达世博会园区。

The original intersection of the Bund and Jinling Road will be transformed to a new pier. There could be new ship tour along Huangpu River and to the Expo park.

图片来源□图2：《百年回望：上海外滩建筑与景观的历史变迁》

图1：金陵路地段现状照片

在设计中取消人行天桥，将该地块设计成为外界交通到达外滩的立体交通枢纽系统。包括公交车站、地铁站等。

图2：枢纽外滩设计模型照片

图3：枢纽外滩剖面设计示意图

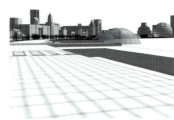

图4：枢纽外滩透视图

将该地段设计成为立体交通枢纽，使其成为外滩区域与外界联系的重要交通核心。上层为步行交通系统，下层为车行系统，在最底层考虑设置轨道14号线站台。

This site is designed to be a three-dimensional transport hub and an important traffic core of Bund—the upper level for pedestrians, lower lever for automobiles, and there might be a 14th Metro Line station in the bottom.

第五篇　建筑映像

CHAPTER 5   REFLECTION OF THE HISTORICAL BUILDINGS IN THE BUND

东方汇理银行大楼（中国光大银行上海分行）

BANQUE DE L'INDO-CHINA

图1：地块位置图

图2：地块现状图

1899年，东方汇理银行开设上海分行，起初在上海法租界内，1911—1914年在上海公共租界外滩29号建造大楼。

设计师用豪华、夸张的手笔，在教堂和宫殿中把建筑、雕塑和绘画结为一体，并用短檐、波浪形墙面、重叠柱及壁画，使建筑物产生神秘的宗教气氛。

大楼立面部分破损，建议修缮。

盆栽绿化与立面结合不当，建议重新整体考虑设计。

图3：东方汇理银行大楼现状

东方汇理银行大楼位于中山东一路29号，是法资东方汇理银行在中国上海建造的分行大楼。1899年，该行在上海开设分行，起初在上海法租界内，1911—1914年在上海公共租界外滩29号建造办公大楼。

Banque de l'Indo-Chine building locates at No.29 Zhongshan No.

1 Rd. E. The building was built between 1911 and 1914, for Shanghai Branch of Banque de l'Indo-Chine, which was located in the French Concession since it first opened in Shanghai in 1899.

图1：落成不久的东方汇理银行

图2：立面中部构图

图3：入口细部

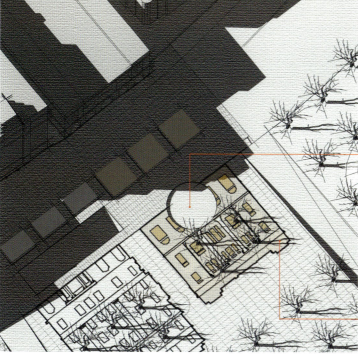

图4：设计平面图

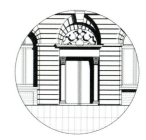

图5：底层门窗形成三个高大的楼门，居中是线状的浮雕。另外，大楼在小构体上也精雕细凿、力求完美，可谓是巴洛克式的经典之作。

图6：大楼强调立面装饰和处理，尤其注重建筑自身的比例。其上面是贯通的艾奥尼巨柱，两侧厚实的墙面横向划分为三段，顶部出檐较深，并有精致的雕刻。

东方汇理银行楼高21.6米，但只有3层。大楼属典型的巴洛克建筑风格，采用了艾奥尼柱式，雕刻精美。入口门廊具有巴洛克风格。

The three-story building has a height of 21.6 meters. It is a typical Baroque style building, with exquisitely carved ionic columns and Baroque style entrance porch.

87

图片来源□图1：《上海老房子的故事》
□图2-3：《百年回望：上海外滩建筑与景观的历史变迁》

格林邮船大楼（上海文广集团）
GLENLINE STEAMSHIP CO.

图1：地块位置图

1868年，德资禅臣洋行（Siemssen & Co）购得这块土地，建造其在上海的第二幢楼房（第一幢在江西路，1856年）。第一次世界大战中，德国战败，位于北京路外滩的禅臣产业被英资怡泰公司（格林邮船公司）收购，随即改建为7层大楼。

图2：地块现状图

凌乱的栏杆和天线破坏了建筑立面效果，建议拆除。

凌乱的空调破坏了建筑立面的效果，建议拆除。

大楼立面部分破损，建议修缮。

巨大路牌遮挡了建筑立面，建议拆除。

图3：格林邮船大楼现状

格林邮船大楼沿外滩的宽度较窄，因而将正门开在北京路上（今北京东路2号），是一座看似平常但其实富有趣味的建筑。

The building of Glen Line Steamship Co. has its front door on the Beijing Rd., for the width of the facade facing the Bund is narrow.

It is a building seems ordinary but actually very interesting.

图1：外滩28号怡泰大楼

图3：坚固厚实的花岗石拱券大门旁是古典式柱子

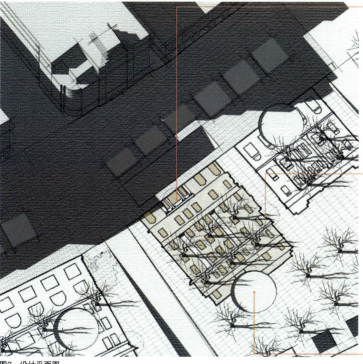

图2：设计平面图

图4：二至五层附有外展的阳台

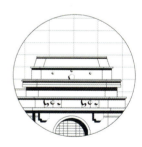

图5：七层顶楼建有雅致美观的塔楼

格林邮船大楼落成于 1922 年 3 月，建筑面积 12 855 平方米，高 27 米多，设计者是英资公和洋行。整个大楼外立面简洁、明朗，是一座新古典派文艺复兴风格的建筑。

The Building was completed in March, 1922, with a height of more than 27 meters, and a total floor area of 12 855m^2, which was designed by British Gilmour & D Co. It is a Neoclassical Renaissance style building, with a pithy and clear facade.

89

图片来源□图1：《Building Shanghai: the story of China's gateway》

怡和洋行大楼（上海医保进出口公司）
JARDINE MATHESON BUILDING

图1：地块位置图

图2：地块现状图

怡和洋行曾经长期是上海规模最大的一家洋行。它经营进出口贸易、长江及沿海航运、怡和纱厂（杨树浦）、怡和丝厂等众多业务，号称洋行之王。

大楼立面部分破损，建议修缮。

空调破坏了建筑立面效果，建议拆除。

广告灯箱遮挡了建筑立面，建议拆除。

图3：怡和洋行大楼现状

1843年，怡和洋行在上海开设分行，是第一批来沪经营的外商。1844年取得外滩27号（北京路路口）土地，建造了一幢殖民地式样的2层砖木结构楼房。怡和洋行曾长期是上海规模最大的一家洋行，号称洋行之王。

The Shanghai branch of Jardine Matheson was opened in 1834, as one of the first foreign companies came to Shanghai. In 1844, they got the site at No.27 Bund, and built a two-story building of brick-wood structure and Colonial style. Jardine Matheson was once the largest foreign bank in Shanghai, which was called "king of foreign banks".

图1：外滩27号怡和大楼

图2：大楼东立面柱廊

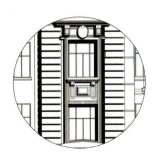

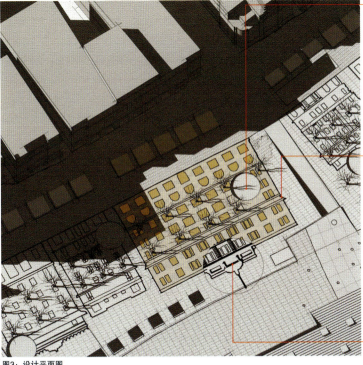

图3：设计平面图

图4：大楼第三至五层为一段，有罗马科林斯柱式支撑，气魄雄伟，显示出浓郁的西欧古典色彩。

图5：装饰精美的建筑中段檐口。

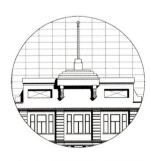

图6：第五层上方原有的平台，穹顶被拆除，已加高至七层。

洋行大楼是一座6层的花岗岩建筑，仿英国文艺复兴风格。设计者是思九生洋行。1955年以后，该大楼被上海市外贸局占用。

It is a six-story granite building of British Renaissance style. The designer was Stewart & Llooyds, which was occupied by Ltd.

Shanghai Foreign Trade Bureau since 1955.

91

扬子大楼（中国农业银行上海分行）

YANGTZE BUILDING

图1：地块位置图

扬子大楼原是老沙逊洋行产业，后来由扬子保险公司（由美商旗昌洋行于大班于1863年发起成立）买下。扬子保险大楼建成后，除了公司自用外，其余大多由其他保险公司租用，成为名副其实的保险大楼。

图2：地块现状图

大楼立面部分破损，建议修缮。

巨大的路牌和灯杆遮挡了建筑立面，建议拆除。

广告灯箱遮挡了建筑立面，建议拆除。

图3：扬子大楼现状

外滩26号扬子保险大楼位于中山东一路26号，现在由中国农业银行上海分行办事处使用。

Yangtze Building locates at No.26 Zhongshan No.1 Rd. E. in the Bund, now is the office of Agricultural Bank of China, Shanghai Branch.

图1：二十世纪初尚未建造新楼时的扬子保险公司

图2：二层中部浮雕

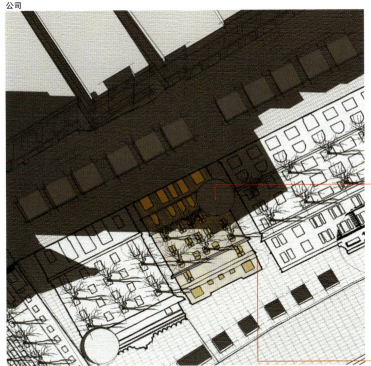

图3：设计平面图

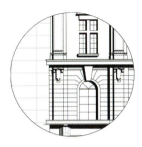

图4：建筑一、二层墙面以粗石料砌叠，三至五层为磨石子对缝，五层上挑出檐口，六层中间置爱奥尼克柱。

图5：大楼屋顶则为孟沙式。

扬子大楼建于1918—1920年，由公和洋行设计。大楼占地面积为639平方米，建筑面积为4 374平方米，为7层高的钢筋混凝土建筑。建筑风格为折衷主义。

It was built between 1918 and 1920, designed by Gilmour & D Co. It covers an area of 639m^2, and has a total floor area of 4 374m^2 It is a seven-story reinforced concrete building in Eclecticism style.

图片来源□图1－2：《百年回望：上海外滩建筑与景观的历史变迁》

93

横滨正金银行大楼（中国工商银行上海分行）
YOKOHAMA SPECIE BANK, LTD.

图1：地块位置图

图2：地块现状图

1893年，横滨正金银行到中国开展业务，开设了上海分行，起初在南京路租房营业，业务发展后，购进外滩32号地皮建造行屋。1923年买下外滩24号老沙逊洋行行址，请英商公和洋行设计。1924年重建了一座6层古典主义风格的花岗石大楼。

大楼立面部分破损，建议修缮。

广告灯箱和灯杆遮挡了建筑立面，建议拆除。

红色的电话亭影响历史建筑立面效果，建议重新整体设计。

图3：横滨正金银行大楼现状

1893年，日本横滨正金银行到中国开展业务，开设了上海分行。起初在南京路租房营业，业务发展后，购进外滩32号（今中山东一路24号）地皮建造行屋。1923年买下外滩24号老沙逊洋行行址，请英商公和洋行设计。

In 1893, Yokohama Specie Bank, Ltd. launched its business in China and opened Shanghai branch. It firstly rent a building in Nanjing Road, and bought the land of No.32 on the Bund (now No.24 Zhongshan No.1 Rd. E.) later to build its own office building. In 1923, it bought No.24 lot of the Bund, the previous site of the Sassoon House, and invited the Palmer & Turner Architects and Surveyors to do the design.

图1：正金银行新楼建筑效果图

图2：初建时运抵工地的石雕佛像

图3：建成时的营业大厅

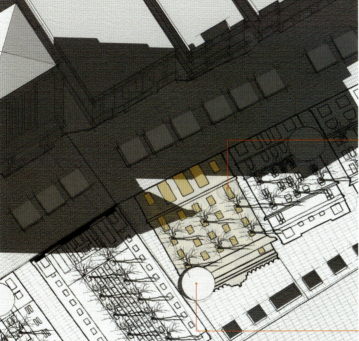

图4：设计平面图

图5：大楼底层用大型石块贴砌。整幢建筑给人以稳重感。二至五层有两根爱奥尼克式柱子支撑，显示出古典风采。

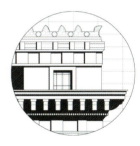

图6：与其他文艺复兴时期的建筑同样有着花岗石的外墙，明晰的主线，对称的造型，但少了许多繁琐的装饰，使其更显流畅。

正金银行大楼建成于1924年，高6层，建筑面积为18 932平方米，具有后文艺复兴时期的风格。

The six-story building was finished in 1924, with a total floor area of 18 932m^2, and the style of Late Renaissance.

图片来源□图1：《Building Shanghai: the story of China's gateway》□图2-3：《百年回望：上海外滩建筑与景观的历史变迁》

95

中国银行大楼（中国银行上海分行）
BANK OF CHINA

图1：地块位置图

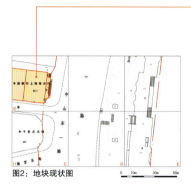

图2：地块现状图

1917年，中国对德宣战，中国银行得以接管位于上海外滩23号的德国总会大楼。1928年，中国银行总行从北京迁到上海。1936—1937年，中国银行上海总行重建成。

大楼立面部分破损，建议修缮。

广告灯箱和灯杆遮挡了建筑立面，建议拆除。

图3：中国银行大楼现状

中国银行大楼位于中山东一路23号，是为数不多的具有中国民族特色的建筑之一。

Bank of China locates at No.23 Zhongshan No.1 Rd. E. It is one of the few buildings which has a Chinese style.

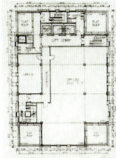

图1：实际建筑平面及效果草图

图2：中国银行大厦原建筑效果图

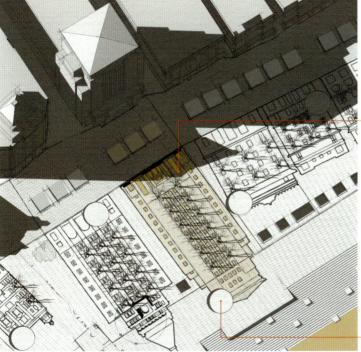

图3：设计平面图

图4：东立面从高到低有变形的钱币形镂空窗框。大门上方原有孔子周游列国石雕讲述了一个个令人神往的故事。营业大厅的天花板上原来还雕有"八仙过海"的图案。到处洋溢着古色古香的氛围。

图5：外墙为金山石，屋顶为平缓的四方攒尖顶，上盖绿色琉璃瓦，楼檐上用斗拱装饰。

中国银行大楼共有17层，总高70多米，略低于相邻的沙逊大厦，建筑面积26 400平方米。是由英资公和洋行与中国建筑师陆谦受合作设计的。

The seventeen-story building has a height over 70 meters, slightly lower than the adjacent Sassoon House.

The total floor area is 26 400m^2. It was designed by British Gilmour & D Co. and Chinese designer Lu Qian cooperatively.

97

图片来源□图1（左）：《Building Shanghai: the story of China's gateway》□图1（右）：《百年回望：上海外滩建筑与景观的历史变迁》□图2：《上海老房子的故事》

沙逊大厦（和平饭店北楼）
SASSOON HOUSE

图1：地块位置图

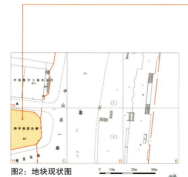

图2：地块现状图

建成后，沙逊大厦底层东大厅租给荷兰银行和华比银行，顶楼是沙逊自己的豪华住宅。1952年，市政府接管该楼。1956年作为和平饭店开放。1965年外滩19号原汇中饭店（Palace Hotel）并入后，分别称为和平饭店北楼（外滩20号）和南楼（外滩19号）。1992年世界饭店组织将和平饭店列为世界著名饭店。

大楼立面部分破损，建议修缮。

巨大的路牌和灯杆遮挡了建筑立面，建议拆除。

广告灯箱遮挡了建筑立面，建议拆除。

图3：沙逊大厦现状

沙逊大厦是英资新沙逊洋行下属的华懋地产股份有限公司投资240万元，在上海外滩20号（南京路路口）兴建的一幢10层大楼（局部13层），是外滩最高的建筑物。

The ten-story (partially thirteen-story) Sassoon House is located at the No.20 Bund. The building cost 2.4 million yuan, and is the highest building on the Bund.

图1：20世纪初期的沙逊大厦

图2：1929年沙逊大厦东门楼梯口

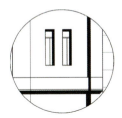

图4：大楼外观以直线条处理，仅腰线和檐口处有花纹雕刻，简洁、明朗。

图5：底层西大厅和4-9层开设了当时上海的顶级豪华饭店华懋饭店（Cathay Hotel），有英、美、印、德、法、意、日、西、中等九国风格的套房。

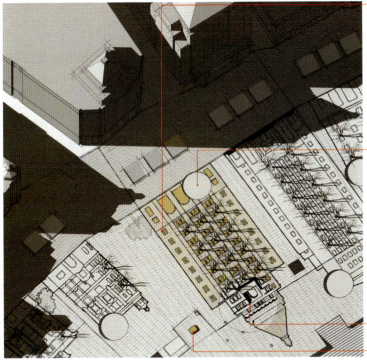

图6：大楼19米高的墨绿色金字塔形铜顶多年来成为外滩又一个显著的标志。

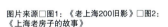

陈毅像

图3：设计平面图

沙逊大厦总高77米，建筑面积36 317平方米。大楼的建筑风格属于艺术装饰主义，设计单位是著名的公和洋行。

The total floor area of the building is 36 317m^2, with a height of 77 meters. The architectural style belongs to Art Deco, which was designed by the famous Gilmour & D Co.

99

图片来源□图1：《老上海200旧影》□图2：《上海老房子的故事》

汇中饭店（和平饭店南楼）
PALACE HOTEL

图1：地块位置图

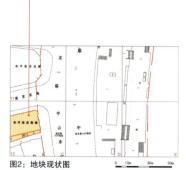

图2：地块现状图

1909年，"万国禁烟会"就在汇中饭店举行，1996年又召开了联合禁毒署举办的"上海国际兴奋剂会议"，并为"万国禁烟会"立会址标志。1911年中国同盟本部也在该饭店召开了孙中山就任临时大总统欢迎大会。这一系列具有纪念价值的史实为这座饭店增添了更多辉煌。

大楼立面部分破损，建议修缮。

落水管破坏建筑立面效果，建议拆除。

灯杆遮挡了建筑立面，建议拆除。

图3：汇中饭店现状

汇中饭店坐落在外滩19号或南京路23号，位于这两条马路转角处的黄金地段。汇中饭店大楼是上海和中国最早安装电梯的一幢建筑。

Palace Hotel locates at No.19 Bund and No.23 Nanjing Rd., at the golden intersection of the two roads. It is the first building with elevator in China.

图1：1908年，初建成的汇中饭店

图2：画家笔下的汇中饭店

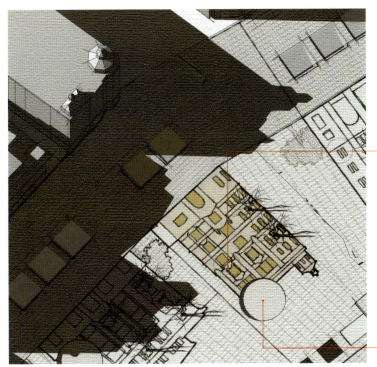

图3：设计平面图

图4：大建筑大面积白色面砖外墙，镶以红砖腰线分割。底层则为石砌外墙。窗上有三角形或弧状的楣额。

图5：顶层设置巴洛克样式的亭子，并安排有屋顶花园。

汇中饭店大楼竣工于 1908 年，高 6 层（30 米），建筑面积 11 607 平方米，以砖木结构为主。建筑由英资玛礼逊洋行的司各特设计，风格属于文艺复兴式样。

The six-story brick-wood structure building was finished in 1908, with a total floor area of 11 607m², and a height of 30 metres. It was designed by Walter Scott, designer of Christie & Johnson Co., with a Renaissance style.

101

麦加利银行大楼（外滩十八号）
THE CHARTERED BANK OF INDIA, AUSTRALIA & CHINA

图1：地块位置图

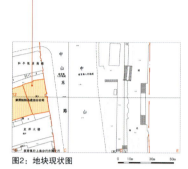

图2：地块现状图

麦加利银行又称渣打银行，为英国政府特许银行。旧时随着英国在华势力的扩张，该行也成为英国在华资本的一个重要金融机构，其业务量在诸外资银行中仅次于汇丰。建国后该行上海分行由中国政府批准为"指定银行"，为中国改革开放前仅存的两家英资银行之一。

大楼立面部分破损，建议修缮。

灯杆遮挡了建筑立面，建议拆除。

巨大路牌和广告牌遮挡了建筑立面，建议拆除

图3：麦加利银行大楼现状

麦加利银行大楼位于中山东一路18号，为英国政府特许银行。1853年成立，总行在英国伦敦。1857年在上海设立分行。当时第一任总经理为英国人麦加利。故称为麦加利银行。

The Chartered Bank of India, Australia & China, which was specially chartered by the British government, locates at No.18 Zhongshan No.1 Rd. E. The bank was established in 1853, headquartered in London. The Shanghai branch was set up in 1857.

图1：麦加利银行新楼建筑效果图

图2：东立面

图3：东立面局部

图4：设计平面图

图5：底层外墙用花岗石铺贴，内部地坪则是黑白对比的大理石。大门则是楼的主线，南北两边建筑造型对称。

图6：大楼二至四层外立面有两根爱奥尼克式柱子支撑，第五层横面中段有6根方型柱子，刻以花瓣造型。为使建筑具有高度感，现顶楼加了三角形屋顶，更让人们感受到麦加利银行大楼的玲珑与别致。

麦加利银行大楼共5层，建筑面积10 256平方米，钢筋混凝土结构，由公和洋行设计，英商德罗·考尔洋行承建，为文艺复兴风格。

The reinforced concrete building has five stories, with a total floor area of 10 256m². It was designed by Gilmour & D Co., constructed by British Trollope & Colls, Ltd., in Renaissance style.

103

图片来源□图1：《Building Shanghai: the story of China's gateway》□图2-3：《百年回望：上海外滩建筑与景观的历史变迁》

字林西报大楼（美国友邦保险公司）
THE NORTH CHINA DAILY NEWS

图1：地块位置图

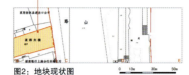

图2：地块现状图

1850年8月3日,英国商人奚安门在上海创办《北华捷报》周刊。1856年增出《航运日报》和《航运与商业日报》副刊。1864年《航运与商业日报》扩大业务,改名《字林西报》,独立发行。《北华捷报》作为《字林西报》所属周刊,继续刊行。该报曾发表大量干预中国内政的言论。主要读者是外国在中国的外交官员、传教士和商人,1951年3月停刊。

大楼立面部分破损,建议修缮。

灯杆和广告牌遮挡了建筑立面,建议拆除。

图3：字林西报大楼现状

字林西报大楼位于中山东一路17号,曾是外国在上海开设的最大的新闻出版机构——字林西报馆。

The building of The North China Daily News locates at No.17 Zhongshan No.1 Rd. E. It was the office of the once biggest foreign news publication in Shanghai.

图1：1928年4月的字林西报馆大楼

图2：大楼浮雕细部

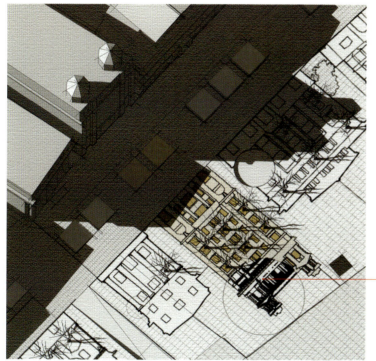

图3：设计平面图

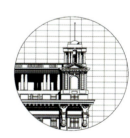

图4：底层立面用拉毛花岗石作贴面，正大门两侧各有一扇落地的罗马拱券长窗；中部立面3至7层，上段立面，两侧为券式窗洞，中间树以双柱，形成内阳台。

屋檐下原有8个裸体人物雕塑，后被水泥封末。顶部的南北两侧建有塔楼。字林大楼是近现代主义风格和新古典主义风格结合较成功的一幢建筑。

字林西报馆大楼建于1921年，由德和洋行设计。大楼总高10层，建筑面积9 043平方米。建筑外观为三段式，采用近现代派简洁明快的设计手法，但饰以古典柱式和文艺复兴时期的浮雕，使单调的平面增加了一丝活泼。总体倾向文艺复兴风格。

It was built in 1921, designed by Rabben & Succsrs, Co. The ten-story building has a total floor area of 9 043m². The facade is in three-section modernism style, but decorated with classical columns and Renaissance relief sculpture. The whole building is more like a Renaissance architecture.

105

图片来源□图1-2：《百年回望：上海外滩建筑与景观的历史变迁》

台湾银行大楼（招商银行上海分行）
THE BANK OF TAIWAN

图1：地块位置图

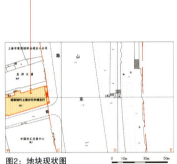

图2：地块现状图

日本军国主义攫取台湾后，为控制台湾经济，于1899年成立台湾银行，总行设在台北。1911年在上海设立分行。

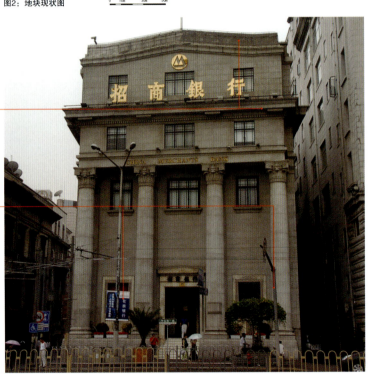

大楼立面部分破损，建议修缮。

灯杆和凌乱的电线遮挡了建筑立面，建议拆除。

图3：台湾银行大楼现状

台湾银行大楼位于中山东一路16号，是日本占领期间台湾银行在上海建造的办公大楼。

The Bank of Taiwan building locates at No.16 Zhongshan No. 1 Rd. E., which was built as the office building of Bank of Taiwan when Japan occupied Shanghai.

图1：20世纪20年代晚期的台湾银行大楼

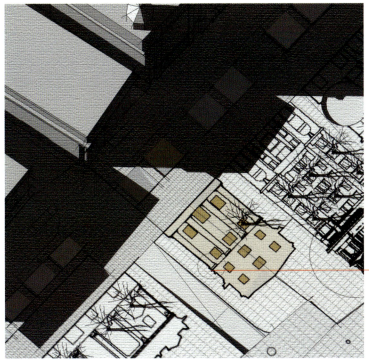

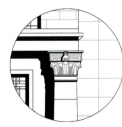

图3：大楼广泛地吸取了世界各国建筑的长处，比如在大楼的东立面又配有四根欧洲古典主义式的柱子，赋予大楼欧洲古典主义的风格。

图2：设计平面图

台湾银行大楼于1924年建造，占地面积为904平方米，大楼为钢筋混凝土结构，整体上属于日本近代西洋风格。

It was built in 1924, with a plot area of 904m^2. The reinforced concrete structure mainly belongs to Japanese Western Classical style.

107

图片来源□图1：《上海老房子的故事》

华俄道胜银行大楼（中国外汇交易中心）
RUSSO-ASIATIC BANK

图1：地块位置图

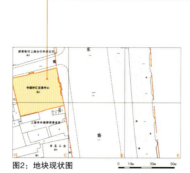

图2：地块现状图

创建于清朝的华俄道胜银行是中国第一家中外合资银行。北伐胜利后，孙中山亲自创设的中央银行急需在上海觅得行址，而华俄道胜银行的清理会员会便将外滩15号的大楼售给了中央银行。1928年11月1日，此楼成为中央银行的所在地。现在这里是上海外汇交易中心。

卫星天线破坏大厦立面形象，建议拆除。

大楼立面部分破损，建议修缮。

灯箱和路牌遮挡建筑立面，建议拆除。

图3：华俄道胜银行大楼现状

华俄道胜银行大楼位于中山东一路15号，是外滩建筑群中一座较早建成的楼房。

The building of Russo-Asiatic Bank locates at No.15 Zhongshan No. 1 Rd. E. It is one of the early-built multi-story buildings on the Bund.

图1：1917年的华俄道胜银行大楼

图2：设计平面图

图3：立面采用爱奥尼柱式。三层檐下及柱顶均饰以欧洲神话人物头像雕塑。

华俄道胜银行大楼 1902 年建成，为 3 层框架结构楼房，建筑面积 5 018 平方米，属于文艺复兴风格。

The three-story frame structure building has a total floor area of 5 018m^2, in Renaissance style.

图片来源□图1：《百年回望：上海外滩建筑与景观的历史变迁》

交通银行大楼（上海市总工会）
BANK OF COMMUNICATIONS

图1：地块位置图

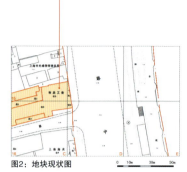

图2：地块现状图

1928年，随着全国政治中心从北京转移到南京，交通银行也将总行迁到上海外滩14号。1937年，抗日战争爆发，交通银行将总行迁到重庆。战争结束以后，1946—1947年，上海总行重建。1951年，交通银行总行迁回北京，上海外滩14号行址则由上海市总工会进驻至今。

大楼立面部分破损，建议修缮。

灯箱遮挡了建筑立面，建议拆除。

灯柱和路牌遮挡建筑立面，建议拆除。

图3：交通银行大楼现状

交通银行大楼位于中山东一路14号，是现有上海外滩建筑群中最后建成的一座建筑。

The building of Bank of Communications locates at No.14 Zhongshan No.1 Rd. E. It is the last built building of Shanghai Bund historical architectural complex.

图1：1935年的交通银行大楼

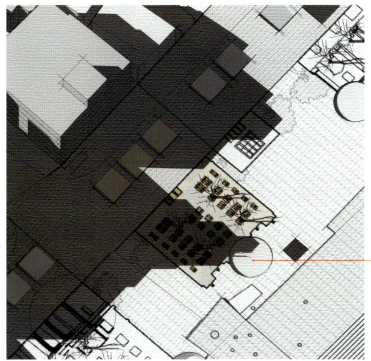

图2：设计平面图

图3：建筑底层门框用黑色大理石贴面，其余墙面都以白水泥粉刷。中间顶部山形的处理配以竖向线条，使大楼显得挺拔俊秀。

交通银行大楼建筑面积9 485平方米，由鸿达洋行设计。大楼为6层钢筋混凝土框架结构，为装饰艺术派风格。

It was designed by Gonda, C. H. The six-story reinforced concrete structure building has a total floor area of 9 485m². The architectural style is Art Deco.

111

图片来源□图1：《百年回望：上海外滩建筑与景观的历史变迁》

江海关大楼
SHANGHAI CUSTOMS HOUSE

图1：地块位置图

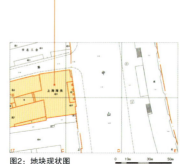

图2：地块现状图

外滩的海关建筑，分三个时期，三种形式。最早的江海北关由清政府于1857年修建，1891年拆除，请英国人设计在其原址建造了具有英国教堂风格的江海北关。

1927年，第三代海关大楼落成。其大钟楼高达79米，为亚洲第一，世界第三，仅次于英国伦敦钟楼和俄罗斯莫斯科钟楼。

经过80年的风吹雨打，闻名遐迩的上海海关钟楼于2007年6月1日起暂时停止运行和报时，进行为期4个月的维护整修。

建筑立面部分破损，建议修缮。

凌乱的空调破坏了海关大楼立面形象，建议拆除。

电线杆和广告灯箱遮挡海关大楼立面，建议拆除。

图3：海关大楼现状

江海关大楼现为上海海关大楼，是汇丰银行的"姐妹楼"。大楼建于1927年，雄伟挺拔，与雍容典雅的汇丰银行大齐肩并列，相得益彰。

This building is now used by Shanghai Custom House. The magnificent building was built in 1927, looks like "sister" of the adjacent HSBC building.

图1：第一代海关大楼

图2：第二代海关大楼

图4：大楼门楣由四眼巨大的陶立克花岗石圆柱支撑。

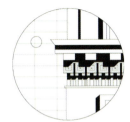

图5：檐口下精美的浅浮雕装饰带。

图6：1928年元旦，海关大钟在《威斯敏斯特》报时曲中敲响了它的第一声。后于1966年8月28日，大钟改播《东方红》乐曲，"文革"后期停播。1986年国庆前夕，海关大钟恢复《威斯敏斯特》报时曲，至1997年6月30日零时起停奏报时曲。2003年5月1日起恢复播放《东方红》报时曲至今。

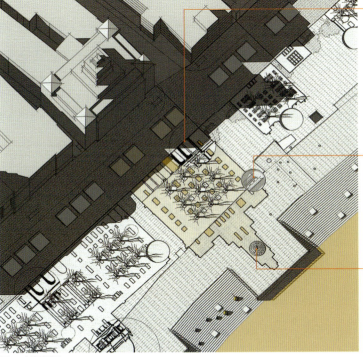

图3：映像景观图

江海关大楼结合了欧洲古典主义和文艺复兴时期建筑的优点。建筑造型以高耸的钟楼为轴线，属希腊式新古典主义风格。上段的钟楼为哥特式，有10层楼高，气势非凡。

The building combines the European Classicism and Renaissance style, taking the bell tower as a symmetrical axis. It belongs to Greek Neoclassical style. The upper bell tower is Gothic, the total building has ten stories.

113

图片来源□图1：《上海老房子的故事》
□图2：《老上海200旧影》

汇丰银行大楼（上海浦东发展银行）
HONG KONG AND SHANGHAI BANKING CO.

图1：地块位置图

图2：地块现状图

该楼八角形门厅的顶部，离地面20多米高处，有8幅由几十万块仅几平方厘米的彩色马赛克镶拼成的壁画。它宽4.3米、高2.4米，分别描绘了20世纪初上海、香港、伦敦、巴黎、纽约、东京、曼谷、加尔各答8个城市的建筑风貌，并配有神话人物形象，还有24幅为神话故事中动物的形态，顶部巨大的神话故事壁画，总面积近200平方米。世纪壁画间有一圈美文，译为"四海之内皆兄弟"，其象征了在新世纪到来之际，整个世界的和平繁荣"。

门前一对铜狮是汇丰银行的重要象征。这对雄狮共有三个版本，上海外滩的这对是最早的，此外，汇丰银行还先后仿制铸造了两对，其中一对于1935年被安放在香港皇后大道中1号汇丰银行大厦入口，另一对于2001年被安放在伦敦金丝雀码头（Canary Wharf, London）的汇丰集团新总部大厦前。

建筑立面部分破损，建议修缮。

灯杆和广告灯箱遮挡海关大楼立面，建议拆除。

图3：汇丰银行大楼现状

汇丰银行大楼位于中山东一路12号，建于1923年，原系美商汇丰银行上海分行。美国当时将这座建筑自诩为从苏伊士运河到远东白令海峡的最讲究的建筑。

The building of Hong Kong and Shanghai Banking Co. locates at No.12 Zhongshan No. 1 Rd. E.,

originally belonged to the Shanghai branch of America owned HSBC. It was built in 1923. The Americans called it as the most elegant building from Suez Canal to Bering Strait at that time.

图1：1922年建造中的汇丰银行大楼

图2：汇丰银行大楼华丽的门厅

图4：建筑底层大门采用三个罗马石拱券式，共有铜质大门6扇，花饰细腻。外墙面采用粗犷的石块宽缝砌置。2至4层中部贯以6根罗马科林斯式柱，砌墙石块则为细缝。

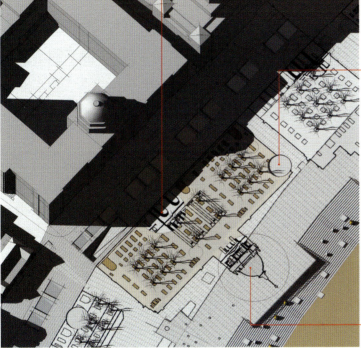

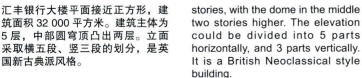

图3：设计平面图

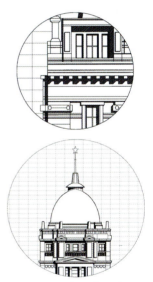

图5：5层中部上面的半圆形穹顶仿古罗马万神庙之顶而建，形成中轴线。巨大的穹顶是钢框架结构，钢材是向英国定制的特种钢。

汇丰银行大楼平面接近正方形，建筑面积32 000平方米。建筑主体为5层，中部圆穹顶凸出两层。立面采取横五段、竖三段的划分，是英国新古典派风格。

The plan of the building is nearly a square, with a total floor area of 32 000m². The main body has five stories, with the dome in the middle two stories higher. The elevation could be divided into 5 parts horizontally, and 3 parts vertically. It is a British Neoclassical style building.

图片来源□图1：《上海老房子的故事》□图2：《Building Shanghai: the story of China's gateway》

轮船招商总局大楼（招商集团上海公司）
RUSSELL AND CO.

图1：地块位置图

0 100m 300m 500m

图2：地块现状图

0 10m 30m 50m

作为中国自己经营的第一家新式轮船企业——招商局就是在此期间创办的。

电线杆和广告灯箱遮挡了海关大楼立面，建议拆除。

图3：轮船招商总局大楼现状

轮船招商局大楼位于中山东一路9号，可视为19世纪末20世纪初外滩建筑的典型代表。

The building of Russell and Co. locates at No.9 Zhongshan No.1 Rd. E. It could be regarded as a model of buildings built in late 19th century and early 20th century on the Bund.

图1：建成之初的轮船招商总局大楼

图2：20世纪40年代后期规划建造的大楼效果图

图4：大楼底层正门框向外伸出，正门两侧有宽敞的拱形落地窗，二、三层立面用古典柱式装饰。大楼局部外墙用花岗石贴面。

图3：设计平面图

轮船招商局大楼由英商玛礼逊洋行设计，1901年建成，砖木结构，建筑面积1 360平方米，外观形式为文艺复兴式。

It was designed by Christie & Johnson, and completed in 1901. The brick-wood structure building has a total floor area of 1 360m^2, in Renaissance style.

图片来源□图1：《上海老房子的故事》
□图2：《百年回望：上海外滩建筑与景观的历史变迁》

大北电报公司（盘古银行上海分行）
GREAT N'ERN. CO., LTD.

图1：地块位置图

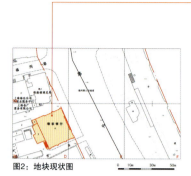

图2：地块现状图

"西人制电以通音信，名曰：电报……沪上电报创自连那士，自吴淞口、浦东以达洋泾，转瞬可至，固胜于以驿骑远矣。"——王韬《瀛壖杂志》，1875年大楼原是旗昌洋行的产业，轮船招商局将它买下后，即归属下的电报总局使用，这楼是现在的盘谷银行上海分行，自1908年建成以来，它已四度易主，最早称为大北电报公司大楼。后为中国通商银行及长江航运公司所用。

大楼立面部分破损，建议修缮。

灯柱和广告灯箱遮挡了建筑立面，建议拆除。

图3：大北电报公司大楼现状

大北电报公司位于中山东一路7号。在外滩的建筑群中，电报大楼虽然不大，但其建筑艺术的特征别具风格。

The building of Great N'ern Tel. Co., Ltd. locates at No.7 Zhongshan No. 1 Rd. E. Although it is not quite big compare with others, it owns a characteristic architectural style.

图1：历史图景

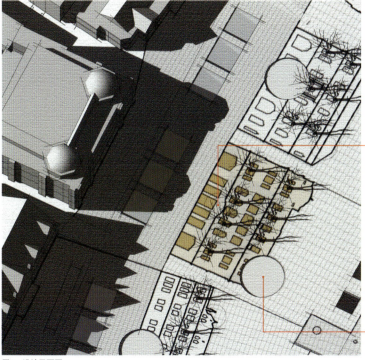

图2：设计平面图

图3：大楼每层都采用了古典风格的柱子，或用来承重，或只作为装饰。

图4：窗户四周图形多样，立体感强，近似巴洛克式。它的黑顶白窗形成了鲜明的对比，同时也不失一种优雅的感觉。

大北电报公司大楼由英商通和洋行设计，为四层钢筋混凝土结构，建筑面积3 538平方米，外立面为完全对称的三段式，是法国文艺复兴风格。

It was designed by Atkinson & Dallas, Ltd. The four-story reinforced concrete structure building has a total floor area of 3 538m². The elevation is a totally symmetrical three-section one, in French Renaissance style.

119

图片来源□图1：《上海老房子的故事》

中国通商银行大楼（外滩6号）
COMMERCIAL BANK OF CHINA

图1：地块位置图

图2：地块现状图

中国通商银行的诞生，距第一家外国银行在沪开业已50余年。此前中国的金融机构只有钱庄、汇号、银号等。1897年5月27日是中国金融史上有历史意义的一天——中国人创办的银行开业了。这天上午人们看到一面写有"中国通商银行"几个大字的长旗，在外滩6号大楼的屋顶竖起，许多要人前来祝贺，广东路上停满轿子，场面十分热闹。

大楼装饰上具有欧洲宗教建筑色彩，青红砖镶砌，众多细长柱子勾勒墙面。后因维修时用水泥粉刷墙面，除框架外，原先的外貌已不复存在。建议进行保护性复原设计。

落水管破坏立面效果，建议拆除。

灯柱、广告灯箱遮挡建筑立面，建议拆除。

公共汽车站遮挡建筑立面，建议结合地下交通重新设置。

图3：中国通商银行大楼现状

中国通商银行大楼位于中山东一路6号。1857年创办于此的通商银行是中国第一家银行。

The building of Commercial Bank of China locates at No.6 Zhongshan No. 1 Rd. E. It is the first bank in China which was founded in 1857 in the Bund.

图1：建成之初的中国通商银行大楼

图2：1893年4月7日的火灾

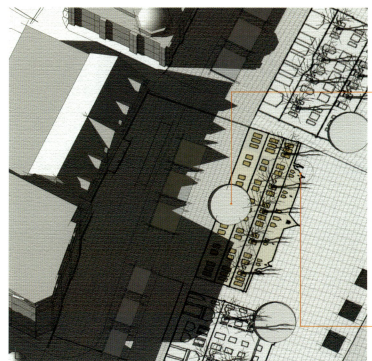

图3：设计平面图

图4：一、二层为落地长窗，券状窗框，两肩对称。大门入口竖有罗马廊柱。

图5：上层为坡式屋顶，并有一排尖角形窗。楼顶南面为平台，可容百人，是观光黄浦江潮水的胜处。

中国通商银行大楼建于1906年，由英商玛礼逊洋行设计，砖木结构，假4层楼，占地面积1 698平方米，建筑面积4 541平方米，大楼外观呈英国哥特式建筑风格。

The building was completed in 1906, designed by British Christie & Johnson Co. The brick and wood structure building has a plot area of 1 698m², and a total floor area of 4 541m², in British Gothic style.

图片来源□图1:《老上海200旧影》□图2:《百年回望：上海外滩建筑与景观的历史变迁》

日清大楼（华夏银行上海外滩分行）
THE NISHIN NAVIGATION COMPANY

图1：地块位置图

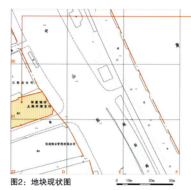

图2：地块现状图

将日本近代西洋建筑与古典建筑风格相糅合的日清大楼，被人们称为"日犹式"。日清大楼现由华夏银行和锦都实业总公司使用。

大楼立面部分破损，建议修缮。

公共汽车站遮挡建筑立面，建议结合地下交通重新设置。

灯柱、广告灯箱遮挡建筑立面，建议拆除。

图3：日清大楼现状

日清大楼位于中山东一路5号，现由华夏银行和锦都实业总公司共同使用，又叫华夏银行大楼。

The building of Nishin Navigation Company locates at No.5 Zhongshan No.1 Rd. E. Now It is occupied by Hua Xia Bank and Jindu General Corporation.

图1：历史图景

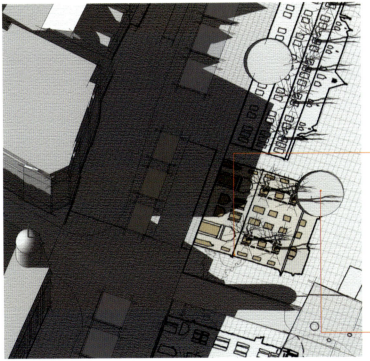
图2：设计平面图

图3：建筑底三层装饰比较简明，大门旁有简化柱式。

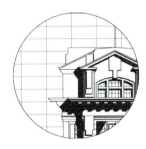
图4：大楼上三层有古典壁柱和雕刻花饰，凹凸感强。整个建筑立面均用花岗石贴砌，与外滩的其他建筑交相辉映。

日清大楼建于1925年，楼高6层，占地1 280平方米，建筑面积5 484平方米。大楼由德和洋行设计，其外观为日本近代西洋式。

The six-story building was built in 1925, with a plot area of 1 280m², and a total floor area of 5 484m². It was designed by Rabben & Succsrs, in Japanese Western Classical Style.

123

图片来源□图1：《百年回望：上海外滩建筑与景观的历史变迁》

有利大楼（外滩三号）
UNION BUILDING

图1：地块位置图

图2：地块现状图

该建筑原名联合大楼，为美国有利银行所有，故称有利银行大楼。

1937年淞沪会战开始，保险公司无法担保战争损失，将资金冻结，英资有利银行乘机购得该楼产权。1949年有利银行撤出上海。1953年，上海市民用建筑设计院租用该楼。1997年，新加坡佳通私人投资有限公司通过外滩房屋置换买下此楼产权。

大楼立面部分破损，建议修缮。

灯柱、广告灯箱遮挡建筑立面，建议拆除。

图3：有利大楼现状

有利大楼位于中山东一路3号，是公和洋行在上海设计的第一个作品，也是上海第一座采用钢框架结构的建筑。2004年1月，改建为高档购物消费场所"外滩3号"。

The Union Building locates at No.3 Zhongshan No.1 Rd. E. As the first work of Gilmour & D Co. in Shanghai, it was also the first building of steel frame structure in Shanghai. In Jan. 2004, it was reconstructed to a high-grade shopping place named "Bund No.3".

图1：有利大楼广东路立面建筑设计图

图2：1916年的有利大楼

图4：建筑大门有爱尼克立柱装饰，高大的落地专窗既有利于采光，又增添楼宇气势。整幢建筑是以门为中心的轴对称图形。故而给人以平和的感受。

图5：建筑立面三段式构图，均衡对称，但立面装饰多处采用富有旋转变化的巴洛克风格图案。

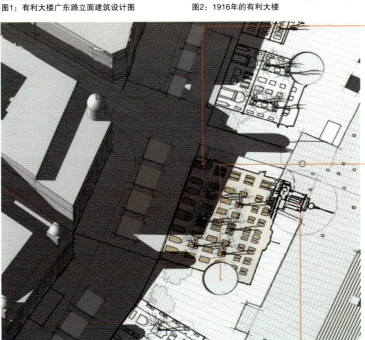

图3：设计平面图

图6：建筑转角处顶部设计了一个塔亭，顶端有球形圆顶。

有利大楼建于1916年，高6层，入口处7层，占地面积为2 241平方米，建筑面积为13 760平方米，立面为仿文艺复兴风格。

The six-story (seven-story at entrance) building was built in 1916. It has a plot area of 2 241m², a total floor area of 13 760m², and a Renaissance style facade.

图片来源□图1：《Building Shanghai: the story of China's gateway》□图2：《百年回望：上海外滩建筑与景观的历史变迁》

上海总会（东风饭店）
SHANGHAI CLUB

图1：地块位置图

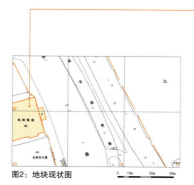

图2：地块现状图

"巍巍总会建高房，体面西商尽到场。日正午时开大菜，沪江有事此评量。""为开打弹设间房，盘式长台六尺方，4个牙圆如卵大，互相撞击赌钱忙。"两首竹枝词均出于清末颐安主人所撰的《上海商业市景词》一书，描述的则是十里洋场中外国人的总会。

大楼立面部分破损，建议修缮。

巨大的路牌遮挡建筑立面，建议拆除。

灯柱、广告灯箱遮挡建筑立面，建议拆除。

图3：上海总会大楼现状

上海总会大楼位于中山东一路2号，作为当时上海最豪华的俱乐部，大楼见证了中国近现代史上许多的重要时刻。

Shanghai Club locates at No.2 Zhongshan No. 1 Rd. E. It was the most luxury club at that time in Shanghai.

图1：20世纪40年代的上海总会

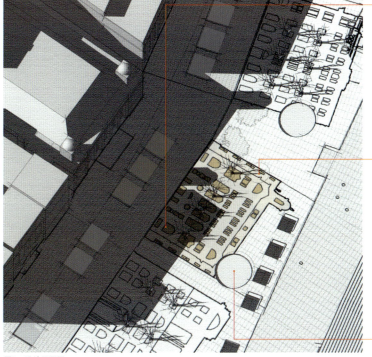
图2：设计平面图

图3：底层大窗简洁、明快，窗下墙刻有精美的花饰。

图4：墙面装饰带有巴洛克式。

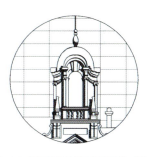

图5：三、四层中间贯以爱尼克式柱，南北两侧室壁凸出，五层上南北两端有塔楼。

上海总会大楼采用钢筋混凝土结构，共6层，一层是地下室，高26.9米，在当时十分引人注目。大楼外观是典型的英国古典主义风格。

The reinforced concrete structure building has six stories with one-story basement. It is 26.9 meters high. The architectural style is typically British Classicism.

127

图片来源□图1：《Building Shanghai: the story of China's gateway》

亚细亚大楼（中国太平洋保险公司总部）
THE ASIA PETROLEUM COMPANY

图1：地块位置图

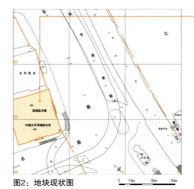

图2：地块现状图

1913年，麦边洋行拆去旧屋，投资建造了这座7层大楼，1916年建成，因此最初名称为麦边大楼（McBain Building）。英国壳牌公司和荷兰皇家石油公司的子公司——亚细亚火油公司（Asiatic Petroleum Co.）长期租用这幢大楼的底层，因此该楼也称为亚细亚大楼。这幢大楼现为中国太平洋保险公司总部。

大楼立面部分破损，建议修缮。

灯柱、广告灯箱遮挡建筑立面，建议拆除。

图3：亚细亚大楼现状

亚细亚大楼位于中山东路一号，建成于1906年。大楼气派雄伟，简洁中不乏堂皇之气。可谓简繁相怡，华贵典雅。

Built in 1906, the A.P.C. Building locates at No.1 No.1 Zhongshan Rd. E. It is a gorgeous and elegant building.

图1：历史图景

图2：入口

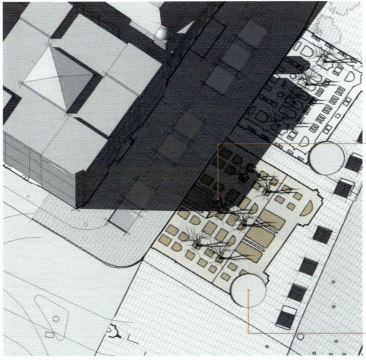

图3：设计平面图

图4：建筑正立面为巴洛克式，东面正门有4根爱奥尼克立柱，左、右各2根，内门又有小爱奥尼克柱，门上有半圆形的券顶，雕以花纹。

图5：二至五层凹进部分有阳台，六、七层又有爱奥尼克柱。东南角凹进弧形墙面，使立面多变。1939年大楼又加高一层。

129

亚细亚大楼由马海洋行设计，于1916年建成。大楼高7层，建筑面积11 984平方米。立面为横三段、竖三段式，为折衷主义风格。

It was designed by Moorhead & Halse, built in 1916. The seven-story building has a total floor area of 11 984m². The elevation is in three-section both horizontally and vertically, in Eclecticism style.

图片来源□图1：《上海老房子的故事》□图2：《百年回望：上海外滩建筑与景观的历史变迁》

法国邮船大楼（上海市档案馆）
FRENCH STEAMSHIP CO.

图1：地块位置图

图2：地块现状图

1937年2月，法国邮船公司在外滩起建新大楼。新楼位于法租界册地12号（今中山东二路9号），毗临法国驻沪总领事馆。

巨大路牌遮挡了历史建筑立面，建议拆除。

图3：法国邮船大楼现状

法国邮船大楼位于中山东二路9号。1949年前称为"法邮大楼"，其历史可上溯至19世纪中叶，1949年后改称为"浦江大楼"。2002年起，上海市档案局承租大楼，大楼正式命名为"上海市档案馆"。

The building of French Steamship Co. locates at No.9 Zhongshan No.2 Rd. E., with a history tracing back to the mid 19th century. It was called "French Steamship" before 1949; after that, it changed its name to "Pookiang House". Since 2002, Shanghai Archives Bureau has rented it and named it "Shanghai Municipal Archives ".

图1：设计概念表现图　　　　图2：历史图景

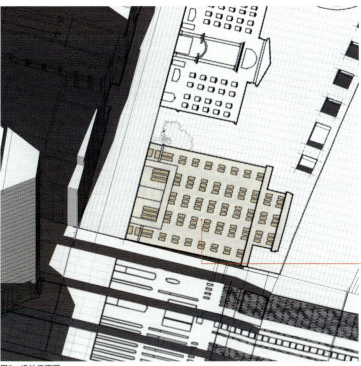

其简洁流畅的外观设计、精美典雅的内部构造，匠心独具的建筑用材，使之成为当时上海滩上极富时代气息的建筑。

图3：设计平面图

1939 年，法国邮船公司的"法邮大楼"落成启用，当时为法租界外滩第一座现代风格的办公和商业建筑，其简洁流畅的外观设计、精美典雅的内部构造，匠心独具的建筑用材，使之成为当时上海滩上极富时代气息的建筑。大楼的设计师为 R. Minutti。

When the French Steamship House was completed in 1939, it was the first office and commercial building with modern style in the French Settlement in Bund. Its succinct and fluent exterior design, delicate and elegant interior construction, and ingenious material usage, made it a building full of modern flavor in Bund at that time. The designer was R. Minutti.

图片来源□图1：《Building Shanghai: the story of China's gateway》□图2：http://www.e-jjj.com/ccdd/magzine/new/show.asp?id=174

第六篇　外滩动漫

CHAPTER 6   COMIC OF THE BUND

外滩动漫
COMIC OF THE BUND

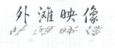

134

外滩动漫解说词：

（场景 1：宇宙中传来悠扬的钟声，主题外滩映像出现）

（场景 2：浜浜诞生过程）

■我叫浜浜，出生在黄浦江边，我的名字来自外滩的英文"BUND"。

●外滩最初只是黄浦江边的一片滩涂。自 1843 年开埠，逐渐发展成为上海市的经济中心及公共活动中心，尤其到了 20 世纪 20 — 30 年代，随着汇丰银行大楼、海关大楼等一批保留至今的重要历史建筑相继落成，外滩已初具魅力。改革开放以后，外滩的建设也进入了新的黄金期，华光异彩，变得更加迷人。

■我的家很漂亮，就像上海的客厅，每天都有很多很多人来我家做客。马上就要举办上海世博会了，到时候会有更多的人来玩，我得让我的家变得更漂亮。

●浜浜的想法可称为"外滩映像"，就像房子的影子一样，把外滩上的历史建筑以投影的方式映射到地面上，用来展示外滩的精华，即丰富的历史建筑知识。凸显外滩的主题。

浜浜
BUND

The bund was an alluvial land of Huangpu River originally

sion completion of Hongkong & Shanghai Banking Co.,the Custom House and some other important historical buildings,S

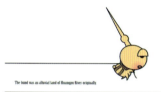

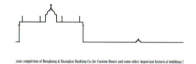

al Banking Co.,the Custom House and some other important historical buildings,Shanghai showed its charm originally

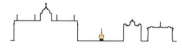

House and some other important historic al buildings,Shanghai showed its charm originally

nghai showed its charm originally

■他在海关大楼门前的地面上，用了三种不同的方式来表现海关大楼的重点细部，分别是分材质刻画阴影、浮雕嵌入及玻璃明珠覆盖，由它们来集中体现希腊式新古典主义的建筑风格特点。
●浜浜又把东方明珠映射到了五个地方，分别形成了上海历史博物馆、上海经济博物馆、上海文化博物馆、

上海时尚运动中心以及水上活动中心。
■过去我可以在我家的水边休息、玩耍。可是到了发大水的时候，洪水就会没过堤岸……。救命啊！
●直到1993年，我家建了一道厚厚的墙，以后洪水来了就再也不用怕了。
■空箱式防汛墙是由箱体、深埋地

下29.5米和50.29米的桩基础以及抵抗洪水侧推力的支撑体共同组成，设计能防范千年一遇洪水。
●洪水被拦住了，可是我……（撞）可是我到水边去却变得麻烦了。好不容易到了空箱上，可水离的还是那么远……（哭）
■为了重现外滩空间的亲水性，浜浜在不影响江道正常通航、防汛功

外滩动漫
COMIC OF THE BUND

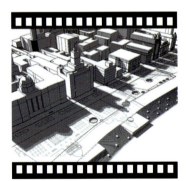
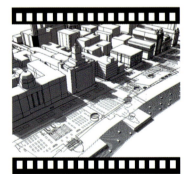

能的前提下，顺着空箱做了大片的浮阶，称之为"近水浮阶"，这样浜浜又可以自由地在水边玩耍了。

● 我想去江边，可是现在来来去去的车实在太多了，根本过不去，幸好我有轻功。（蹦）

■ 现在外滩的中山东路承担了重要的过境交通功能，双向 10 车道完全阻隔了历史建筑与黄浦江岸，令浜浜无所适从。

● 我要把车全部挪到地下。

■ 说干就干，浜浜把车流分为两类，将出入地段内工作、游览的境内交通设在了地下一层，双向 6 车道；而将过境交通设在了更深的地下通道中。又在地下车道一侧设置了地下停车场。

● 外滩的交通条件十分复杂，未来的过江交通有地铁2号线和14号线；步行观光隧道；延安路隧道和人民路隧道。

■ 根据上海井字型通道工程规划，南起东门路，北至海宁路，全长3.3千米，设匝道连接延安路高架和东长治路。通道主线布置为双层双向6车道，下层由北向南，上层由南向北。在福州路口以南以整体开挖形

式施工，位于地下一层；福州路口以北以盾构形式施工。

●在过境交通规划的基础上，设计位于上层的境内交通。通道主线单层双向6车道。金陵路口以南在地面通行，金陵路路口至延安路路口下行6米至地下一层。通道设匝道与多处路口相连。其中通往金陵路的匝道为双向4车道；延安路为双向2车道；广州路、北京东路为单向出口，2车道；九江路为单向入口，2车道；外白渡桥为单向出口，3车道；南苏州路为双向6车道。

■上、下两层地下交通之间也设匝道相连。

●这样，在外滩的地面上就形成了完整的步行系统。地面和空箱顶之间设计整体斜坡，为地下车道提供自然采光。它不但承载了历史建筑的映像，也为人们走上防汛空箱，亲近黄浦江提供了便利。

■外滩的车都不见了，即使仍有很多。很多人一起来我家玩，也不会像现在这样挤了，它们可以自由、安全地欣赏黄浦江两岸的美丽景色。

●外滩分为五个分区，分别是伍区

外滩动漫
COMIC OF THE BUND

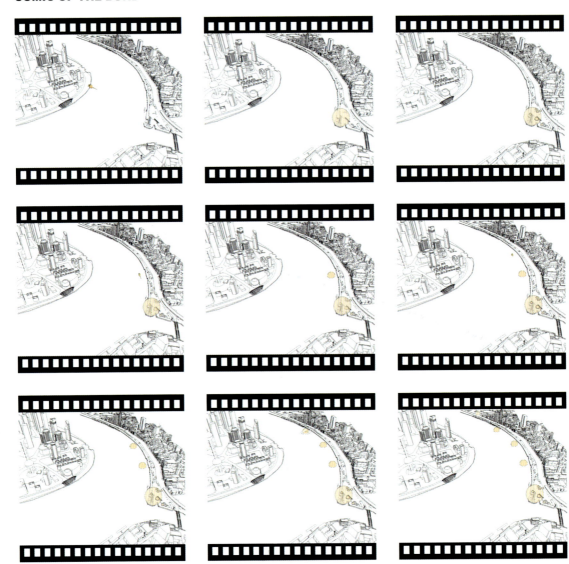

红色外滩、肆区经济外滩、叁区文化外滩、贰区运动外滩和壹区极限外滩。结合各组团分区，在外滩滨江区域内设计上海各界历史名人的介绍展示，如上海革命家、经济家、文学家、艺术家、体育名星等等。

■ "红色外滩"，主要包括上海历史博物馆、上海电影节、外白渡桥

及上海大厦。以现有的"上海市人民英雄纪念塔"为标志，并结合区域历史事件，设计上海历史博物馆，充分展示此区的红色特性。

● "经济外滩"，主要包括南京路轴、上海经济博物馆、民族外滩、地下万国食街及空箱餐吧。上海市及外滩在经济领域一直扮演着重要角色，通过设计相应的功能空间，

以博物馆的形式加以集中展现。

■ "文化外滩"，主要包括上海文化博物馆、双星闪耀、地下万国食街及空箱餐吧。区段内的海关大楼和汇丰银行大楼，是外滩建筑文化的精华，结合现有福州路文化街浓郁的文化气息，在路口设计上海文化博物馆，集中展现"海派文化"的独特魅力。

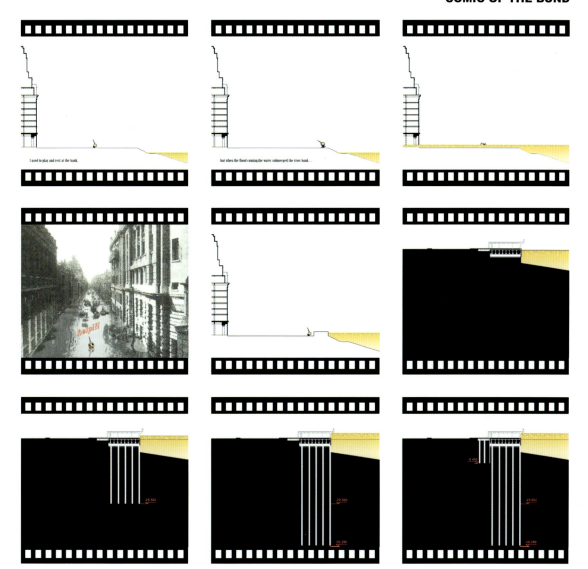

I used to play and rest at the bank.

but when the flood coming,the water submerged the river bank...

help!!!

●"运动外滩"，主要包括上海市时尚运动中心、架空休闲平台、地下万国食街及空箱餐吧。结合摩登上海的特点，将延安路口改造成宽阔的广场空间，设计时尚运动及休闲空间。

■"极限外滩"，主要包括水上活动中心、架空休闲平台。保留金陵渡口，并在此设立体交通枢纽，解决交通转换功能。距离地面6米的架空休闲平台，成为北侧步行系统的自然延续。在新开河路口，设计水上活动中心，集中展现"极限运动"和水上运动的非凡魅力。

●海纳百川、追求卓越、开明睿智、大气谦和。

■欢迎大家到我家来做客!

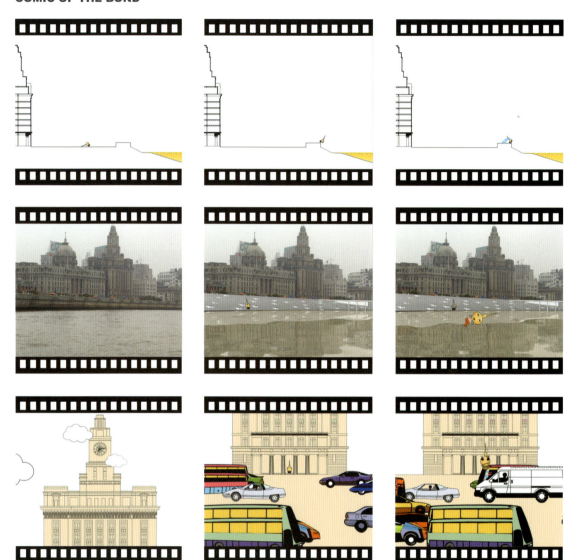

THE COMIC OF THE BUND

●Hello, Everyone! My name is Bund-bund, which came from the English name of the Bund.

■The bund was an alluvial land along Huangpu River originally. After opened to the foreign powers in 1843, the Bund has gradually developed as the economic center and the most important public space of Shanghai. Especially in the 1920s and 1930s, with the in succession completion of Hongkong & Shanghai Banking Co., the Custom House and some other important historical buildings, the Bund showed its charm originally. After the Reform and Opening-up, the Construction of Shanghai came to a new golden period, became more and more attractive.

○My home is so beautiful. As the living-room of Shanghai, many people come to visit my home every day. With the coming of the EXPO 2010 Shanghai, more people will

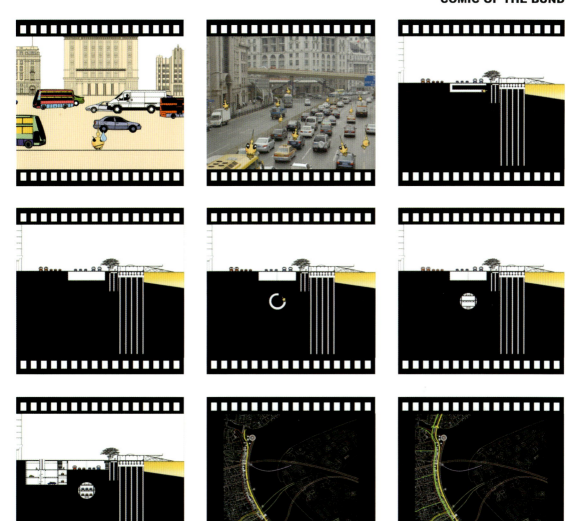

visit my home and I must make it more beautiful.
● The idea of "Bund-bund" can be called as "Reflection of the Bund". Just like the shadow of the house, it reflects the facade of historical buildings on the ground, to show architectural knowledge and the spirit of the Bund.

● On the ground in front of the Custom House, he shows the important details of the building in three different ways—shadow carving and crystal "pearls" covering—to show the characteristic of Greek Neoclassical architectural style.
■ "Bund-bund" also reflects the Oriental Pearl to five places, as the new

Shanghai History Museum, Shanghai Economy Museum, Shanghai Cultural Museum, Shanghai Sports Fashion Centre and Water Sports Center.
● I used to play and rest at the bank, but when the flood came, the water submerged the river bank.... Help me!!

外滩动漫
COMIC OF THE BUND

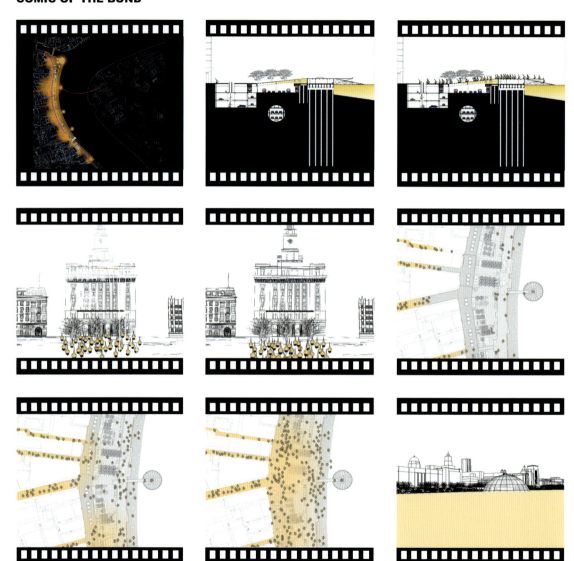

■In 1993, a thick wall was setup. After that, I would never afraid of the flood.

●The flood prevention wall is consisted of three parts: the box-like wall, underground stakes at the level of -29.5m and -50.29m, and the bracing elements. They were altogether designed to defend the flood.

■The flood being blocked, but It is so difficult to get to the riverbank. Above the flood wall, I find the water so far away (crying).

●To bring back the accessibility of water in the bund and without damage of navigation, "Bund-bund" built up a long slot of floating stage, so he can play along the riverside again.

■I want to go to the riverbank, but the traffic is too heavy for me to cross. Fortunately, I can jump.

● Now the Zhongshan Rd. East undertakes the important traffic function of passing-through, 10 lines of driveway of opposite di-

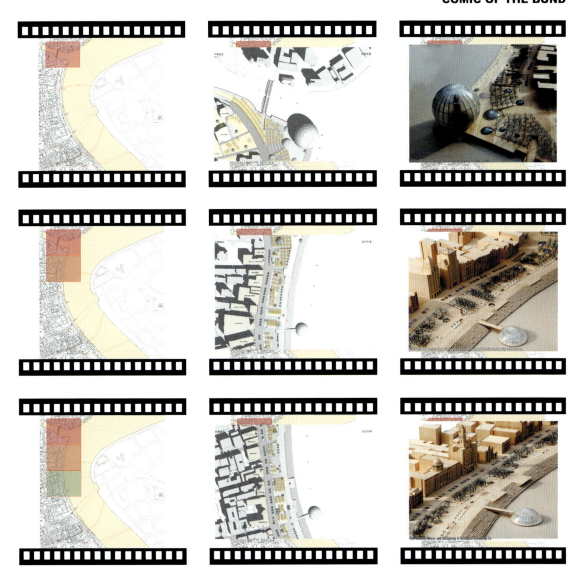

rections completely separate the historical buildings and Huangpu River, which makes "Bund-bund" upset.

■I want to make the cars all running underground.

●Without hesitate, "Bund-bund" divides traffic flows into two parts:in level B1, there are six lanes for visi-

tors to the bund and peoples working in the bund; in level B2, there are driveways for passing-through. Parking lots are also set in B1 level.

■So that, the ground floor of the Bund will be a complete pedestrian area. The slope between the ground and top of the Box could provide

natural lighting for the drive way underground. It not only contains the reflection of historical building, but also offers convenience for people to walk on the box and close to the Huangpu River.

●The cars disappear on the ground, even there are still many, many people come to my home, it

外滩动漫
COMIC OF THE BUND

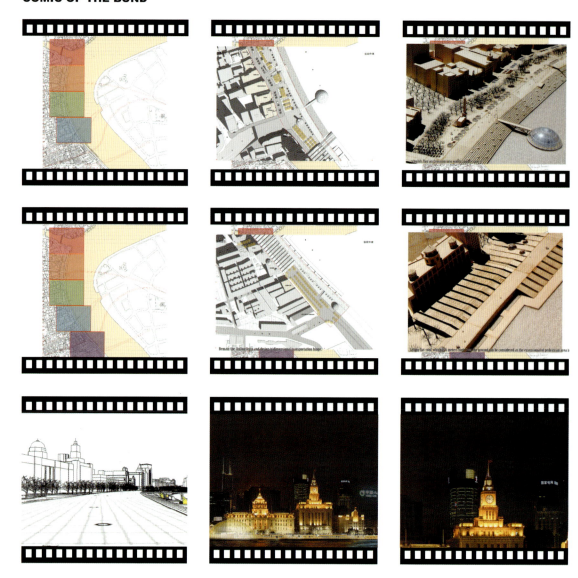

is no longer crowed, people could enjoy the beautiful scene of the Huangpu River freely and safely.

■The Bund is divided into 5 zones: Red Bund of Zone 5, Economic Bund of Zone 4, Cultural Bund of Zone 3, Motional Bund of Zone 2 and Ultimate Bund of Zone 1. Introduction of Shanghai celebrities will be shown along the river side, e.g., revolutionists, economists, literatures, sport stars, etc.

●Welcome to my home!

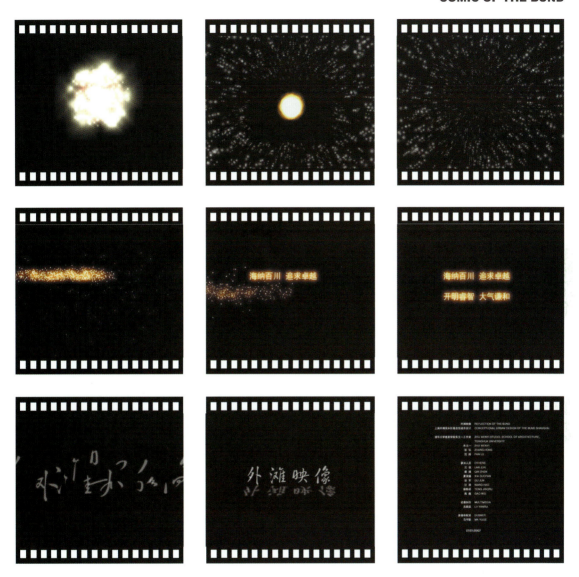

参考文献

REFERENCES

参考文献
REFERENCES

文件资料:

1. 上海市外滩滨水区城市设计国际方案征集文件.
2. 《黄浦江两岸地区规划优化方案》,2002年.
3. 《上海市外滩历史文化风貌区保护规划》,2005年.
4. 《CBD核心区"井"字型通道研究报告及外滩通道方案》,2006年.
5. 《黄浦区"一带三区"功能规划布局报告》,2005年.
6. 《外滩风貌延伸段(延安路—新开河地区)详细规划》,2002年.

建筑类资料:

1. Edward Denison, Guan Yuren. Building Shanghai: the story of China's gateway. Chichester, England; Hoboken, NJ: Wiley-Academy, 2006.
2. Hibbard, P. The Bund Shanghai: China Faces West: Odyssey, 2007.
3.Kerby, P. Beyond the Bund. New York: Payson & Clarke, ltd., 1927.
4. Rowe,Peter.G. Shanghai: Architecture & Urbanism For Modern China: Prestel Publishing, 2004.
5. GROUP, C. 上海北外滩. 建筑创作, 2003 (10).
6. 96'上海住宅设计国际交流活动组委会. 上海住宅设计国际竞赛获奖作品集. 北京: 中国建筑工业出版社, 1997.
7. 《上海百年名楼·名宅》编纂委员会. 上海百年名楼·名宅. 北京: 光明日报出版社, 2006.
8. 《上海住宅》(1949-1990)编辑部. 《上海住宅》(1949-1990). 上海: 上海科学普及出版社, 1993.
9. [美]姜小龙. 外滩花园. 上海: 上海文艺出版社, 2005.
10. 蔡丰明. 上海都市民俗. 上海: 学林出版社, 2001.
11. 蔡育天. 回眸:上海优秀近代保护建筑. 上海: 上海人民出版社, 2001.
12. 常青. 大都会从这里开始——上海南京路外滩段研究. 上海: 同济大学出版社, 2005.
13. 常青, 王方, 王红军. 百年残楼的复生——外滩九号"轮船招商总局大楼"外观复原与内部整饬设计. 建筑学报, 2005(5).
14. 陈从周, 章明. 上海近代建筑史稿. 上海: 上海三联书店, 1988.
15. 陈宗亮. 上海传统民居. 上海: 上海人民美术出版社, 2005.
16.范黎萍.建设21世纪上海新的水边景观——北外滩地区发展规划介绍.上海建设科技, 1996(3).
17. 范文兵. 上海里弄的保护与更新. 上海: 上海科学技术出版社, 2004.
18. 傅德明. 上海外滩观光隧道工程. 地下工程与隧道, 1999(2).
19. 黄国新, 沈福煦. 老建筑的趣闻: 上海近代公共建筑史话. 上海: 同济大学出版社, 2005.
20. 黄国新, 沈福煦. 名人·名宅·轶事 上海近代建筑. 上海: 同济大学出版社, 2005.
21. 黄浦区旅游事业管理局, 黄浦区档案局, 黄浦区规划局. 上海外滩: 永不停留的脚步. 上海:上海远东出版社, 2002.
22. 刘武君. 大都会:上海城市交通与空间结构研究. 上海:上海科学技术出版社, 2004.
23. 娄承浩. 老上海名宅赏析. 上海: 同济大学出版社, 2003.
24. 娄承浩, 薛顺生. 消逝的上海老建筑. 上海老建筑丛书. 上海: 同济大学出版社, 2002.
25. 娄承浩, 薛顺生. 老上海石库门. 上海: 同济大学出版社, 2004.
26. 罗小未. 上海建筑指南. 上海: 上海人民美术出版社, 1996.
27. 钱宗灏. 百年回望: 上海外滩建筑与景观的历史变迁. 上海: 上海科学技术出版社, 2005.
28. 阮仪三, 朱晓明, 张波. 上海外滩地区历史建筑保护. 规划师, 2003(1).
29. 桑英琳. 上海建筑风貌. 上海: 上海人民出版社, 1992.
30. 上海市黄浦区革命委员会写作组(上). 上海外滩南京路史话. 上海: 上海人民出版社, 1976.
31. 上海章明建筑设计事务所. 上海外滩源历史建筑.一期. 上海: 上海远东出版社, 2007.
32. 邵晶, 俞挺. 上海"北外滩"城市形态设计方案构思. 时代建筑, 1997(1).
33. 沈福煦, 黄国新. 建筑艺术风格鉴赏:上海近代建筑扫描. 走向2010世博会建筑文化丛书. 上海: 同济大学出版社, 2003.
34. 沈华. 上海里弄民居. 北京: 中国建筑工业出版社, 1993.
35. 王绍周. 上海近代城市建筑. 南京: 江苏科学技术出版社, 1989.
36. 伍江. 上海百年建筑史. 上海: 同济大学出版社, 1997.
37. 西坡. 上海往事: 正在淡出的弄堂记忆. 上海: 上海文化出版社, 2007.
38. 夏宇璨. 上海外滩建筑群: 镌刻百年历史记忆.人民日报海外版. 2007.
39. 徐家国. 从上海外滩到江南古镇. 济南: 山东画报出版社, 2004.
40. 薛理勇. 外滩的历史和建筑. 上海: 上海社会科学院出版社, 2002.
41. 薛顺生, 娄承浩. 老上海花园洋房. 上海: 同济大学出版社, 2002.
42. 薛顺生, 娄承浩. 老上海经典建筑. 上海: 同济大学出版社, 2002.
43. 薛顺生, 娄承浩. 老上海花园洋房. 上海老建筑丛书. 上海: 同济大学出版社, 2003.
44. 薛顺生, 娄承浩. 老上海营造业及建筑师. 上海: 同济大学出版社, 2004.
45. 薛顺生, 娄承浩. 老上海经典公寓. 上海: 同济大学出版社, 2005.
46. 杨嘉. 上海: 老房子的故事. 上海: 上海人民出版社, 1999.
47. 叶贵勋. 上海城市空间发展战略研究. 北京: 中国建筑工业出版社, 2002.
48. 张长根. 上海优秀历史建筑. 上海: 上海三联书店, 2005.
49. 张绍华, 胡海涛. 上海金陵东路渡站——镶嵌在新外滩的钻石. 时代建筑, 1997(2).
50. 张姚俊. 外滩传奇. 上海: 上海文化出版社, 2005.
51. 郑东东. 洛克外滩源(第1期)上海,中国(概念设计). 世界建筑, 2007(5).
52. 郑东东. 洛克外滩源(第3期)上海,中国(可行性研究). 世界建筑, 2007(5).
53. 周建军, 彭震伟. 上海郊区城镇发展研究. 理想空间丛书. 上海: 同济大学出版社, 2005.
54.周晓明, 彭锋.论城市滨水区景观的塑造——兼对上海外滩景观设计的分析. 规划师, 2002(3).
55. 朱嵘, 俞静. 从上海外滩建筑改造更新看历史街区的生命力再造. 时代建筑, 2006(2).

文化类资料:

1. Leung, J. New Shanghai Cuisine: Bridging the Old and the New: Marshall Cavendish Cuisine, 2005.
2. Mason, V.W. Shanghai Bund murders. New York: Grosset & Dunlap, 1933.
3. 《上海百年文化史》编辑委员会. 上海百年文化史:1901-2000. 上海: 上海科学技术文献出版社, 2002.
4. 《上海全书》编纂委员会. 上海全书. 上海: 学林出版社, 1989.
5. 《中华传统食品大全》编辑委员会上海分编委. 上海传统食品. 北京: 中国食品出版社, 1990.
6. [奥地利]卡明斯基. 老上海浮世绘 奥地利画家希夫画传. 上海: 上海文艺出版社, 2003.
7. [美]李欧梵. 上海摩登——一种新都市文化在中国1930-1945. 北京: 北京大学出版社, 2001.
8. [美]墨菲(Murphey, R.). 上海: 现代中国的钥匙. 上海: 上海人民出版社, 1986.
9. 陈丹燕. 上海的风花雪月. 北京: 作家出版社, 1998.
10. 陈惠芬. 想象上海的N种方法. 上海: 上海人民出版社, 2006.
11. 陈文平, 蔡继福. 上海电影100年. 上海: 上海文化出版社, 2007.
12. 陈宪. 上海头脑. 上海: 汇文出版社, 2006.
13. 陈曾年. 近代上海金融中心的形成和发展. 上海: 上海社会科学院出版社, 2006.
14. 程万隆. 上海FASHION. 上海: 上海辞书出版社, 2005.
15. 达雅. 上海攻略——上海最值得推荐的69个地方. 北京: 中国旅游出版社, 2005.
16. 邓明. 上海百年掠影: 1840s-1940s. 上海: 上海人民美术出版社, 1992.
17. 范崇德. 历史印痕(全国重点文物保护单位上海篇). 上海: 文汇出版社, 2004.
18. 高云. 上海(最新版2005). 北京: 中国旅游出版社, 2005.
19. 李洁. 上海美食地理. 北京: 中国旅游出版社, 2007.
20. 刘业雄. 春花秋月何时了: 盘点上海时尚. 上海: 上海人民出版社, 2003.
21. 刘永翔. 明清上海稀见文献五种. 北京: 人民文学出版社, 2006.
22.罗苏文.上海传奇:文明嬗变的侧影:1553-1949. 上海: 上海人民出版社, 2004.
23. 阮恒辉, 吴继平. 上海话流行语 上海: 上海大学出版社 2003年03月
24. 上海地方志办公室. 上海名建筑志. 上海特色志系列丛书. 上海: 上海社会科学院出版社, 2005.
25. 上海市文物保管委员会. 上海的光辉革命史迹. 上海:上海教育出版社, 1978.
26. 上海市文学艺术界联合会. 上海文化漫步 上海: 汇文出版社, 2005.
27. 上海市作家协会. 上海印象. 上海: 上海文艺出版社, 2004.
28. 上海古籍出版社. 晚清上海社会的变迁. 上海:上海书画出版社, 2001.
29. 沈嘉禄. 上海老味道. 上海: 上海文艺出版社, 2007.
30. 宋路霞. 回梦上海老洋房/回梦百年上海系列. 上海:上海科学技术文献出版社, 2004.
31. 陶菊隐. 大上海的孤岛岁月. 北京: 中华书局, 2005.
32. 王安忆. 寻找上海. 上海: 学林出版社, 2001.
33. 王汉梁. 上海情调: 上海人的风情画. 上海:上海科学技术文献出版社, 2006.
34. 王全昌. 上海之最. 上海: 上海科技教育出版社, 1990.
35. 夏衍. 上海屋檐下. 北京: 开明书店, 1951.
36. 熊月之, 周武. 上海:一座现代化都市的编年史. 上海: 上海书店出版社, 2007.
37. 徐家国. 上海外滩. 济南: 山东画报出版社, 2004.
38. 许洪新. 回梦上海老弄堂. 上海: 上海科学技

术文献出版社, 2004.

39. 薛理勇. 上海老城厢史话. 上海: 立信会计出版社, 1997.

40. 薛理勇. 旧上海租界史话.1. 上海: 上海社会科学院出版, 2002.

41. 叶树平, 郑祖安. 上海旧影. 北京: 人民美术出版社, 1998.

42. 叶辛, 蒯大申. 创意上海——上海文化发展蓝皮书2006. 北京: 社会科学文献出版社, 2006.

43. 叶亚廉, 夏林根. 上海的发端. 上海: 上海翻译出版公司, 1992.

44. 章回, 包村. 上海近百年革命史话. 上海: 上海人民出版社, 1962.

45. 赵阳, 汪自力. 上海的N种表情. 青岛: 青岛出版社, 2007.

46. 郑逸梅, 徐卓呆. 上海旧话. 上海: 上海文化出版社, 1986.

47. 中国城市活力研究组. 上海的性格. 北京: 中国经济出版社, 2005.

48. 仲富兰. 上海街头弄口. 上海: 上海辞书出版社, 2006.

49. 周而复. 上海的早晨. 北京: 人民文学出版社, 2005.

50. 朱少伟, 王延龄. 上海滩传奇. 上海: 上海书店, 1994.

51. 诸大建, 姜富明. 世博会对上海的影响和对策. 上海: 同济大学出版社, 2004.

地图资料:

1. Coco, Y. 上海逛街地图. 北京: 新星出版社, 2005.

2. 《上海逛街地图》编辑部. 上海逛街地图2007-2008最新全彩版. 桂林: 广西师范大学出版社, 2007.

3. 《上海市地图集》编纂委员会. 上海市地图集1997, 上海: 上海科学技术出版社.

4. 张伟. 老上海地图. 上海: 上海画报出版社, 2003.

5. 中国产业地图编委会. 上海产业地图. 上海: 上海人民出版社, 2004.

网站资料:

中国上海: http://www.shanghai.gov.cn/
上海环境: http://www.sepb.gov.cn/
上海统计: http://www.stats-sh.gov.cn/2005shtj/index.asp
上海外事: http://www.shfao.gov.cn/
上海科普: http://www.shkp.org.cn/
上海旅游: http://lyw.sh.gov.cn/
上海市容, 上海城管: http://www.sh1111.gov.cn/WebFront/default.aspx
上海市人民政府发展研究中心: http://fzzx.sh.gov.cn/
上海市经济委员会: http://www.shec.gov.cn/
上海市市政工程管理局: http://www.shsz.gov.cn/shsz/zwz/index.html
上海市人民政府合作交流工作委员会: http://xzb.sh.gov.cn/
上海市地方志办公室: http://www.shtong.gov.cn/
上海人事——21世纪人才网: http://rsj.sh.gov.cn/index.htm
上海城市规划: http://www.shghj.gov.cn/
上海档案信息网: http://www.archives.sh.cn/
上海市水文总站: http://www.hydrology.sh.cn/
上海海关: http://shanghai.customs.gov.cn/default.aspx

上海市文化广播影视管理局: http://wgj.sh.gov.cn/
上海市工商行政管理局: http://www.sgs.gov.cn/sgs/v1/index.jsp
上海城市交通: http://jtj.sh.gov.cn/
上海市语言文字网: http://www.shyywz.com/page/jsp/show.jsp
上海网站导航: http://www.021wz.com/
上海环境热线: http://www.envir.gov.cn/
上海浦东: http://www.pudong.gov.cn/website/index.jsp
上海建设交通: http://www.shucm.sh.cn/gb/node2/index.html
搜狐上海: http://sh.sohu.com/
新浪上海: http://sh.sina.com.cn/
上海在线: http://www.shonline.com.cn/gbmain/index.asp
东方网: http://www.eastday.com/
外滩画报: http://www.bundpic.com/
新民晚报: http://xmwb.news365.com.cn/
新报: http://www.xwwb.com/
东方早报: http://www.dfdaily.com/
东方卫视: http://www.dragontv.cn/
上海互联星空: http://sh.vnet.cn/
上海新闻网: http://www.sh.chinanews.com.cn/

后记
AFTERWORD

滩外说滩
——记《外滩映像》

2007 年 5 月至 7 月，上海举办"上海外滩城市设计国际竞赛"。我率领的设计团队经过两个月的奋战，完成了清华大学建筑学院参赛方案。尽管方案未能入选，但研究课题顺利结束。这本书就是由研究课题直接转化而成的。本书书稿的主体部分已先期于 2007 年 9 月送交出版社，我负责的封面封底设计以及序言和后记未完成。两周前，反复推敲了一年的封面和封底设计终于定稿。今天傍晚，本书的序言刚刚完成。现在正在写的是本书的后记：滩外说滩。

由于祖籍江苏，我小时候就随父母多次到访外滩。20 世纪 80 年代末，借参与法租界区街坊设计竞赛的机会，我沿外滩欣赏了刚落成不久的东方明珠电视塔。1996 年，我在"96'上海住宅设计国际竞赛"中夺得金奖，颁奖仪式后登上标志性的东方明珠塔。这是我第一次高空鸟瞰外滩。1999 年因参与国家大剧院设计国际竞赛，赴上海参观上海大剧院，借机再到外滩一游，体验了"背靠外滩看浦东"的空间指向，登顶 88 层高的金贸大厦让我第二次感受了外滩的"渺小"。2006 年，我到上海观览新天地历史街区和苏州河畔艺术坊，印象深刻，至今记忆犹新。10 多年前，外滩开始"去中心化"；今天的外滩已经"被边缘化"；未来的外滩如何定位成为亟待解决的课题。

尽管多次到访外滩，我对外滩历史建筑的了解却并不多。这次国际竞赛给了我串联外滩记忆、深入学习外滩建筑的机会。2007 年 5 月下旬，由我和两名博士后讲师张弘和范路三人组成的设计团队核心，成员包括兰俊、秦臻、夏国藩、谷军、汪浩、滕静茹、高巍等投入到紧张的设计研究中。"设计并编辑着"，是我一直提倡的研究方式。这次竞赛也是在设计和编辑的并行状态中完成的。团队所有成员加班加点，甚至挑灯夜战，奉献了各自的智慧和汗水。7 月 20 日提交的竞赛成果如同"样书"一般。当然按照出版要求，"样书"距离"真书"尚有不少差距。2007 年 8 月至 9 月，张弘、范路和我完成了细致的统稿工作。期间，清华大学出版社徐晓飞主任给予了大力帮助，他多次参加书稿编辑碰头会，对书稿的编排提出了建设性意见和建议。文稿编辑李嫚为本书的文字整理也付出了大量心血。在此，感谢来自出版社的两位同仁对本书的支持。书稿中最后部分是多媒体演示截屏，在此，要感谢吕燕茹作为设计团队特殊成员为外滩映像制作的多媒体演示文件，她设计的"浜浜"形象诙谐幽默，为多媒体演示增色，也为本书添彩。此外，还要感谢马宇歌，多媒体演示中美妙的女声来自于她。感谢杨扬为矫正本书的图文排版误差所付出的努力。必须要提到的是，本书的英文部分由于也采用"设计并编辑及翻译着"的方式完成，在体例上、翻译质量上不均衡，达不到出版要求。在此，要特别感谢孙凌波、张悦两位青年学者。他们对本书英文部分所做的全面深入校对和部分重译，使本书的国际化程度显著提高。

最后要说说本书的参考书，其中罗小未、郑时龄、伍江、常青、钱宗灏、杨嘉以及 Edward Denison 和 Guan Yuren 等学者的学术专著，对本书有着直接的参考和借鉴作用。在此深表谢意！

朱文一
2008 年 10 月 2 日
于塔希提岛
TAHITI

Beyond the Bund:
On Reflection of the Bund

During May to July 2007, International Competition on Urban Design of the Shanghai Bund was held in Shanghai. After two-month hard efforts, I led my design team accomplished the competition project of Tsinghua Architecture School. Although our entry was not nominated, yet our research has been accomplished successfully and this book is one of the results of the research. The major part of the book was delivered to the publishing house in September 2007, while I was still working on the cover design as well as the foreword and the afterword. Two weeks ago, the design of the cover was finally settled after one-year hard work and I finished the foreword of the book at dusk today. Now, I am writing the afterword of the book: Beyond the Bund.

I was born and grew up in Jiangsu Province, so I visited the Bund several times with my parents when I was young. In late 1980s, I took part in the design competition of the French Concession area and had chance to visit the newly built Oriental Peal TV Tower. In 1996, I won the Gold Prize of 1996 International Competition of Shanghai Residential Building Design and came to the top of Oriental Pearl TV Tower after the award ceremony, which was the first time for me to have a bird's view of the entire Bund. In 1999, I participated in the international design competition of National Center for the Performing Arts and visited Shanghai Grand Theater. I took the chance to visit once again the bund area, experiencing the spatial development of "studying Pudong areas from the bund area", while the bird's view I got on top of the 88-stories Jinmao Tower gave me the impression for the second time that the bund was so 'small'. In 2006, I visited the historical areas of Xintiandi Plaza and the art workshops along the Suzhou River, which are quite impressive to me. More than a decade ago, the bund area started the process of decentralization; today, the area has been marginalized, what the Bund to be in the future is an increasingly urgent topic to be studied and solved.

In spite of several visits of the bund area, I have little knowledge about the historical buildings in the area. This international competition gave me a chance to put together all the memories and to learn more about the architecture in the area. In late May 2007, a design team was founded centering on me and two of my post-Dr. lecturers Zhang Hong and Fan Lu. Team members include Lan Jun, Qin Zhen, Xia Guofan, Gu Jun, Wang Hao, Teng Jingru, and Gao Wei. "Designing and editing" has always been the research approach that I advocate, and this competition project is no exception. All the team members worked very hard beyond ordinary work time and even at night. Our final research production submitted on July 20 was like a "sample book". Since according to the publishing requirements, the "sample book" needs to be further improved to make it a "real book", on August 9, 2007, Zhang Hong, Fan Lu, and I finally finished the detailed editing work. During this period of time, Director Xu Xiaofei of Tsinghua University Press gave us strong support and help. He also took part in our editing meeting several times, proposing valuable suggestions on the editing and layout of the book. Ms Li Man, the text editor of the book, also spent a lot of time proofreading the final draft. I want to thank both of them for their support and help. The last part of the book contains many print screen images of the multi-media materials and I am full of gratitude to Lü Yanru, a special member of our design team, for helping us creating multi-media presentation files. She creatively designed the image of Bund-Bund, which makes both the multi-media presentation and the book more attractive. Moreover, I want to thank Ma Yuge for her beautiful voice as a narrator in the multi-media presentation. Thank Yang Yang for correcting the mistakes concerning both the text and the layout. It shall be noted that, since the English text of the book was also accomplished in the method of "designing, editing, and translating", the translation style and quality was not in balance and did not meet the requirements of publishing, my special thanks go to two young scholars, Sun Lingbo and Zhang Yue, who proofread the entire English text and redid part of the translation so that the final English text is more fluent.

Last but not the least, in terms of the bibliography of the book, we directly refer to the academic books by Luo Xiaowei, Zheng Shiling, Wu Jiang, Chang Qing, Qian Zonghao, Yang Jia, Edward Denison, and Guan Yuren, and my special gratitude goes to them.

Zhu Wenyi
October 2, 2008
TAHITI

(Translated by Sun Ling bo and Zhang Yue)

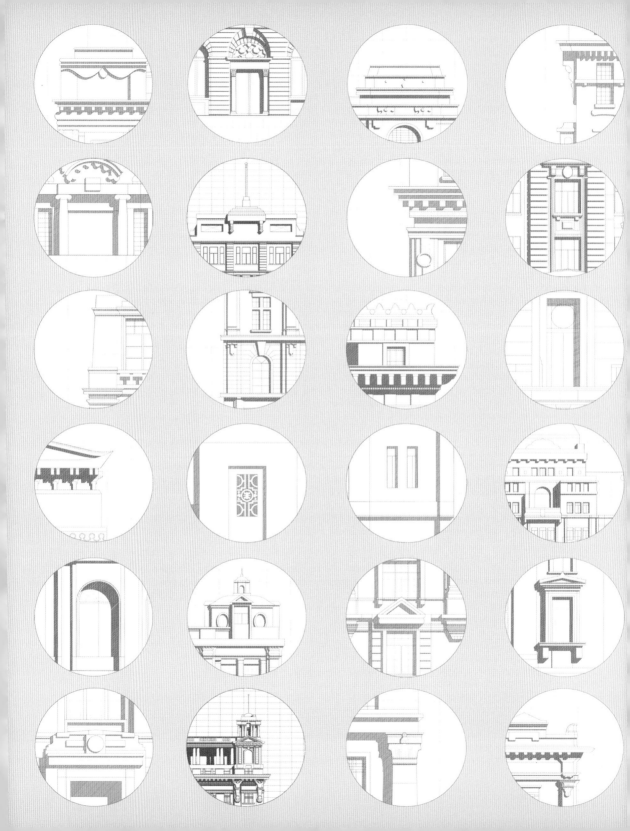

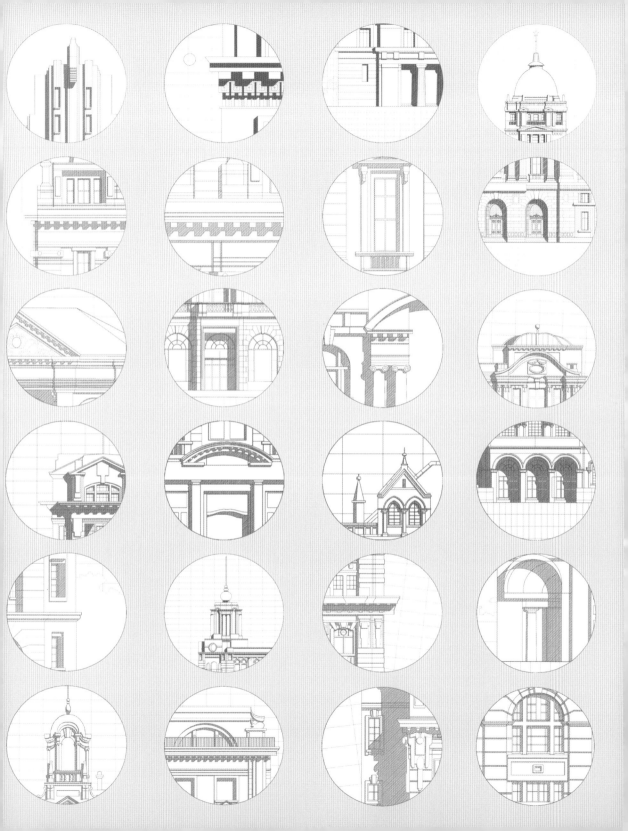

内 容 简 介

外滩以其独一无二的历史积淀和建筑形态，成为上海的城市象征，并在世界上具有广泛知名度。本书在深入分析外滩历史和现状的基础上，以独特的"外滩映像"设计理念，全面展现了外滩近代建筑的历史遗产价值，并结合当代城市的发展，构想了整体提升外滩形象的公共空间形态。本书为提高当代中国城市空间品质提供了一种方法。

本书适合于建筑学、城市规划学、景观建筑学等学科领域的专业人士以及相关专业的爱好者。

图书在版编目（CIP）数据

外滩映像：上海外滩滨水区概念性城市设计／朱文一，张弘，范路编著 .—北京：清华大学出版社，2009.7
ISBN 978-7-302-19108-7

Ⅰ. 外… Ⅱ. ①朱…②张…③范… Ⅲ. 城市规划－建筑设计－研究－上海市 Ⅳ. TU984.251

中国版本图书馆 CIP 数据核字（2008）第 197108 号

责任编辑：徐晓飞　李　嫚
封面设计：朱文一
责任校对：王淑云
责任印制：孟凡玉
出版发行：清华大学出版社　　　　　　　　**地　　址**：北京清华大学学研大厦 A 座
　　　　　　http://www.tup.com.cn　　　　　**邮　　编**：100084
　　　　　　社 总 机：010-62770175　　　　**邮　　购**：010-62786544
　　　　　　投稿与读者服务：010-62776969，c-service@tup.tsinghua.edu.cn
　　　　　　质量反馈：010-62772015，zhiliang@tup.tsinghua.edu.cn

印 刷 者：北京鑫丰华彩印有限公司
装 订 者：三河市春园印刷有限公司
经　　销：全国新华书店
开　　本：174×220　　**印　　张**：10　　**字　　数**：25千字
版　　次：2009年7月第1版　　　　**印　　次**：2009年7月第1次印刷
印　　数：1～1500
定　　价：58.00元

本书如存在文字不清、漏印、缺页、倒页、脱页等印装质量问题，请与清华大学出版社出版部联系调换。联系电话：010-62770177 转 3103　　产品编号：028091-01